U0306161

玛纳斯河流域规划与控制性工程研究

周吉军　张敬东　于　为　张　敏　编著

图书在版编目（CIP）数据

玛纳斯河流域规划与控制性工程研究／周吉军等编著．
－－北京：中国农业科学技术出版社，2021. 11
ISBN 978-7-5116-5572-1

Ⅰ.①玛…　Ⅱ.①周…　Ⅲ.①玛纳斯河–流域规划–
研究　Ⅳ.①TV212.4

中国版本图书馆 CIP 数据核字（2021）第 230742 号

责任编辑	穆玉红　宋庆平	
责任校对	马广洋	
责任印制	姜义伟　王思文	

出 版 者	中国农业科学技术出版社	
	北京市中关村南大街 12 号　邮编：100081	
电　　话	（010）82106626（编辑室）　（010）82109702（发行部）	
	（010）82109709（读者服务部）	
传　　真	（010）82106626	
网　　址	http://www.castp.cn	
经 销 者	各地新华书店	
印 刷 者	北京建宏印刷有限公司	
开　　本	210 mm×297 mm　　1/16	
印　　张	7.75	
字　　数	230 千字	
版　　次	2021 年 11 月第 1 版　2021 年 11 月第 1 次印刷	
定　　价	88.00 元	

序

新疆维吾尔自治区（以下简称新疆）幅员辽阔，光热资源丰富，极度干旱缺水，是典型的灌溉农业区。新中国成立后，国家根据边疆稳定和长治久安需要，借鉴历代屯垦戍边的成功经验，在新疆开展了大规模的农垦建设。"水利是农业的命脉"，从20世纪50年代开始，一代又一代水利工作者响应党和政府的号召，从五湖四海汇聚到天山南北，与军垦战士和当地人民一起，研究水土资源条件、兴修水利工程、建设现代化灌区，奉献青春和汗水。玛纳斯河流域是最早开发的地区，70多年来，既借鉴过苏联中亚地区灌溉农业发展模式，也有对本流域特殊条件的认识和思考，从流域规划到工程建设，从经济社会发展到环境治理，从流域水资源开发利用到生态保护，都取得了辉煌的成就，不仅建成了316.3万亩*的特大型灌区，养育了近百万人口，建成了军垦新城石河子市，更重要的是形成了一系列宝贵的治水经验，其中"山区水库+引水式电站+平原水库+灌排结合的现代化灌区"模式；多沙河流上弯道式引水防沙枢纽运行经验；田间膜下滴灌灌水经验；次生盐渍化土地竖井排灌治理经验；"定额管理、按方收费、超额加价"的灌溉用水管理经验等，在西部干旱区都具有典型示范作用。

新疆绿洲自然环境脆弱，流域水资源的合理开发和利用，必须遵循自然规律，而对自然规律的认识是一个长期复杂的过程。玛纳斯河流域的开发建设也是在不断思考和总结中进行的，从20世纪50年代初利用和扩建解放前的无坝引水工程开始，到60年代大规模建设平原水库、拦河渠首和骨干渠道；从"以粮为纲"、片面追求种植面积，到20世纪90年代开始反思农业开发的合理规模；从单一关注经济用水到统筹考虑流域内绿洲和自然环境安全，历代水利工作者始终遵照国家治水思想，辛勤探索，先后总结编撰了《玛纳斯河东岸总干渠工程》《玛纳斯河流域水利志》等著作，对玛纳斯河流域的工程建设和水利管理进行总结，对新疆的水利事业发展起到了很好的促进作用。20世纪90年代，中国科学院和新疆的学者编著了《新

---

   * 1亩≈666.7平方米。全书同。

疆水土开发对生态与环境的影响及对策研究》，对绿洲发展的生态环境影响做了理性分析，推动了干旱区可持续发展的思考。许多水利和环保专家长期致力于新疆的水资源利用与绿洲保护研究。本书作者引用和关注了其中一些极有价值的成果，形成了对本流域更加深刻的认识，相当令人欣慰。

回顾历史进程，每项国家重点建设工程，都是响应当时的国家政策、适应当地经济社会发展需求、权衡利弊做出的客观决策，肯斯瓦特水利枢纽工程也不例外。每一代人都有自身的历史使命。20世纪60年代，我有幸参加了玛纳斯河四级和五级水电站的设计工作，当时条件非常艰苦，但此项工程为石河子市的城市和工业发展奠定了基础。90年代开展流域规划工作，1999年之后启动肯斯瓦特水利枢纽工程规划论证工作，可以说全程见证了本流域的建设历程。本书作者长期从事新疆和兵团水利工作，历时五年时间收集整理了相关资料文献，潜心著述，客观总结了流域开发和控制性工程规划设计经验，全面反映了流域重大问题研究的思想脉络，对于今后新疆中小河流的治理和山区工程论证具有借鉴作用。

进入21世纪，可持续发展思想深入人心，西部地区高质量发展更加迫切，新一代水利工作将面临流域防洪安全、水资源短缺、地下水超采、河湖水质恶化、自然生态退化等诸多严峻的挑战，需要大家对流域治理进行了更多维度、更具前瞻性的思考，为流域健康发展不懈努力。我衷心希望，玛纳斯河流域发展越来越好，新疆的未来更加美好。

刘允敬

2021 年 6 月

前　　言

　　新疆玛纳斯河是天山北坡诸多河流中最大的一条山溪性河流,源于天山冰川,蜿蜒向北流向准噶尔盆地腹地的玛纳斯湖,自古就是丝绸之路北线上最重要的人类聚居区和商旅、人文、物流交汇地,战略地位非常重要。新中国成立后,国家根据边疆稳定和长治久安要求,借鉴历代屯垦成边的成功经验,决定在玛纳斯河流域率先开展大规模农垦建设。70多年来,在党的关怀和支持下,兵团战士和当地人民兴修水利、艰苦创业,将一片片亘古荒原建成了一个个现代化的国营农场,建成了国内著名的特大型现代化灌区,养育了上百万人口,诞生了共和国军垦第一城——石河子市,形成了可持续发展的人工绿洲,为干旱地区拓展人类生存空间树立了典范。

　　玛纳斯河流域的开发建设,从20世纪50年代开始,随着我国现代化进程逐步展开,是一个艰苦奋斗、艰难探索、不断创新的过程,也是共和国发展的缩影。发展过程中既借鉴过苏联中亚地区灌溉农业发展模式,也有对本地区本流域特殊条件的逐步认识、不断思考、不断实践与完善,从流域规划到工程建设,从经济社会发展到环境治理,从水资源开发利用到流域生态保护,都积累了许多宝贵的经验。如"山区水库+引水式电站+平原水库+灌排结合的现代化灌区"开发建设模式探索;山溪性多沙河流上弯道式引水防沙枢纽运行经验探索;膜下滴灌灌溉模式探索与推广;竖井排灌盐碱地防治模式探索;"定额管理、按方收费、超额加价"的灌溉用水管理制度探索与推广,等等,都曾走在全国的前列。

　　改革开放以来,特别是中央实施西部大开发战略以来,流域经济社会发展面临防洪安全、水资源短缺、地下水超采、河流水质恶化、自然生态退化等新的挑战,在国家加大灌区续建配套与节水改造投入的基础上,灌区的高效节水蓬勃发展,城市及工业发展迅速,可持续发展背景下的资源环境压力凸显。从20世纪80年代初,自治区和兵团就对玛纳斯河流域的水利事业进行了总结,编制了《玛纳斯河流域水利志》,详细记录了军垦第一代开发治理该流域的艰苦过程和思想脉络。90年代,中国科学院和新疆的学者编著了《新疆水土开发对生态与环境的影响及对策研究》,对绿洲发展的生态环境影响做了理性探讨。进入21世纪,可持续发展思想深入人心,各界对流域内未来发展方向进行了更多维度、更具前瞻性的思考,在玛纳斯河肯斯瓦特水利枢纽工程论证、建设和初期运行过程中有许多具体的体现。"一代人有一代人的使命,一代人有一代人的担当",每项国家重点工程建设,都是响应当时的国家政策、适应当地经济社会发展需求、权

1

衡利弊做出的客观决策。将肯斯瓦特水利枢纽工程规划论证和建设过程进行回顾和总结，对于新疆和兵团未来发展具有一定的借鉴作用，也是对此项工程建设者们所付出的心血与智慧的一种敬意。

本书作者均在兵团设计院从事水利水电工程规划设计工作多年，经受兵团艰苦创业精神的长期陶冶，深刻认识到兵团存在对国家的重要性，深刻感受到水资源及开发利用工程对兵团发展的重要性，由衷庆幸能够在国家西部大开发过程中贡献一份力量。作者全程参与了流域控制性工程——肯斯瓦特水利枢纽工程的规划设计工作，历时五年时间收集整理相关资料文献，潜心著述，力求真实再现工程论证与建设重大问题争论与决策过程，总结经验得失，留下历史印记。

本书第 1 章介绍流域概况，了解项目背景；第 2 章回顾了流域开发建设过程，尊重历史并以史为鉴，让读者能够客观了解流域经济社会发展和资源环境演变过程；第 3 章和第 4 章介绍了在新发展理念指导下，谋划流域可持续发展的思想脉络，也是本工程规划论证过程中最具有挑战性的部分；第 5 章至第 8 章是肯斯瓦特水利枢纽工程设计关键技术研究、设计优化、施工经验及初期运行情况的介绍，其工程技术特点和经验可供同行参考。

本工程规划设计过程中得到水利部水规总院的全程指导和自治区水利水电设计院的大力支持；中国水科院、西北水科所、天津大学、河海大学、石河子大学、新疆农业大学等单位的学者参与完成了许多关键技术研究成果，对本工程建设功不可没，特此感谢。

全书编著过程中，得到了兵团设计院及相关技术人员的大力支持，以及工程运行管理单位在资料收集整理过程中给予的帮助，为本书成奠定了良好的基础。在此一并表示感谢！由于写作水平所限，书中如有疏漏之处，敬请批评指正。

作者

2021 年 6 月

目　　录

第1章　玛纳斯河流域概况 ·· (1)

1.1　自然地理特征 ·· (1)

1.2　水文特征 ·· (2)

1.3　社会经济状况 ·· (3)

第2章　流域开发建设回顾 ·· (5)

2.1　流域开发历史与人文活动 ·· (5)

2.2　流域开发治理思想的演变 ·· (8)

第3章　玛纳斯河流域可持续发展面临的主要问题 ·································· (15)

3.1　防洪安全保障能力低 ·· (15)

3.2　水资源配置工程不完善导致季节性缺水严重 ·································· (16)

3.3　电力工业发展滞后，制约国民经济发展 ······································ (16)

3.4　流域生态环境安全问题突出 ··· (17)

第4章　枢纽工程规划思想及重大问题研究 ······································ (18)

4.1　防洪安全问题研究 ··· (18)

4.2　流域生态保护问题研究 ·· (20)

4.3　流域水资源优化配置问题研究 ·· (26)

4.4　工程调度运行与水资源统一管理问题研究 ····································· (47)

4.5　水能资源高效利用问题研究 ··· (49)

4.6　工程任务排序和效益分析 ·· (50)

第5章　枢纽工程设计关键技术研究 ·· (53)

5.1　防洪标准研究 ·· (53)

5.2　大坝抗震安全研究 ··· (55)

第6章　枢纽工程设计与优化 ·· (69)

6.1　工程等别和设计标准分析 ·· (69)

6.2　工程选址研究 ·· (70)

6.3　天然建筑材料与坝型研究 ·· (74)

6.4　枢纽布置与优化 ·· (80)

6.5　主要建筑物设计与优化 ·· (85)

第7章 工程施工遇到的问题及处理经验 ················ （103）

7.1 垫层料级配及碾压质量控制经验 ················ （103）

7.2 围堰冬季施工经验 ························ （105）

7.3 联合进水口软岩边坡处理经验 ················ （105）

第8章 工程初期运行情况 ···················· （107）

8.1 大坝变形与渗流监测情况 ···················· （107）

8.2 大坝抗震情况 ·························· （108）

8.3 工程初期运行效益情况 ···················· （108）

参考文献 ····························· （110）

后记 ······························· （111）

表目录

表 2-1 玛纳斯河 1970—1993 年大河来水情况（肯斯瓦特站） …………………………（10）

表 2-2 1997 年版流域规划指标 …………………………………………………………（12）

表 4-1 玛纳斯河夹河子水库断面历年下泄河道水量统计表 …………………………（23）

表 4-2 红山嘴断面多年平均年径流及逐月分配情况 …………………………………（28）

表 4-3 玛河灌区灌溉面积发展指标 ……………………………………………………（30）

表 4-4 玛河灌区各水平年大农业面积及结构 …………………………………………（31）

表 4-5 玛河灌区设计水平年社会经济发展指标汇总 …………………………………（32）

表 4-6 玛河灌区各水平年各业需水量汇总 ……………………………………………（34）

表 4-7 基准年玛河灌区各灌区各业需水过程汇总 ……………………………………（35）

表 4-8 设计水平年玛河灌区各灌区各业需水过程汇总 ………………………………（37）

表 4-9 流域大中型平原水库统计 ………………………………………………………（39）

表 4-10 玛河灌区骨干输水工程统计 …………………………………………………（40）

表 4-11 基准年玛河灌区各业用水汇总 ………………………………………………（41）

表 4-12 红山嘴站不同频率设计年径流月分配情况 …………………………………（41）

表 4-13 玛纳斯河流域南、北灌区划分统计 …………………………………………（42）

表 4-14 基准年玛河灌区平衡分析表（一级灌区节点 $P=75\%$） ……………………（44）

表 4-15 基准年玛河灌区平衡分析表（一级灌区节点 $P=50\%$） ……………………（45）

表 4-16 设计水平年玛河灌区各业用水汇总（二级灌区节点） ……………………（46）

表 4-17 玛河流域 1994—1999 年洪灾损失统计 ……………………………………（51）

表 5-1 玛河干流历史洪水调查成果 …………………………………………………（53）

表 5-2 肯斯瓦特断面历史与实测特大洪水峰、量统计 ……………………………（54）

表 5-3 坝区不同超越概率与基岩峰值加速度 ………………………………………（61）

表 5-4 基本地震工况大坝地震反应和评价结果（250.5gal） ………………………（65）

表 5-5 罕遇地震工况大坝地震反应和评价结果（393.5gal） ………………………（66）

表 6-1 上坝址与下坝址等库容比较 …………………………………………………（72）

表 6-2 坝址综合比较 …………………………………………………………………（73）

表 6-3 防渗土料质量评价 ……………………………………………………………（75）

表 6-4 分散性试验研究结果统计 ……………………………………………………（78）

表 6-5 砼面板砂砾石坝坝顶超高计算 ………………………………………………（86）

表 6-6 C2 料场特征参数 ……………………………………………………………（91）

表 6-7 我国高面板砂砾石坝过渡区主要特性 ………………………………………（91）

表 6-8 C2 坝壳填筑料试验成果汇总 ………………………………………………（92）

表 6-9 坝壳填筑料质量综合评价 ……………………………………………………（92）

表 6-10 已建同类工程渗流量数据统计 ……………………………………………（94）

表 6-11 坝料分区及碾压要求 ………………………………………………………（95）

表 6-12 水库各泄洪建筑物泄洪组合 ………………………………………………（96）

表 6-13 主要监测项目 ………………………………………………………………（102）

表 8-1 肯斯瓦特水利枢纽近 5 年运行数据统计 ……………………………………（109）

图目录

图 1　玛纳斯河流域水系（解放初期）　………………………………………………（3）

图 2　玛纳斯河流域灌区分布（1985 年）　……………………………………………（4）

图 3　清代绥来县区划示意　………………………………………………………………（6）

图 4　天山北麓绿洲分布示意　…………………………………………………………（11）

图 5　肯斯瓦特水库调洪示意　…………………………………………………………（20）

图 6　玛纳斯河灌区供水关系示意　……………………………………………………（39）

图 7　流域水电梯级开发示意　…………………………………………………………（50）

图 8　水电站典型日运行方式示意　……………………………………………………（51）

图 9　侵蚀构造低—中山区　……………………………………………………………（56）

图 10　区域构造纲要　……………………………………………………………………（58）

图 11　玛纳斯河地质剖面示意　…………………………………………………………（59）

图 12　左岸高边坡地貌　…………………………………………………………………（67）

图 13　左岸高边坡地质剖面　……………………………………………………………（68）

图 14　项目建议书布置示意　……………………………………………………………（82）

图 15　设计优化布置示意　………………………………………………………………（84）

图 16　古河槽入口地貌　…………………………………………………………………（85）

图 17　大坝横断面分区示意　……………………………………………………………（88）

图 18　联合进水口滑坡　………………………………………………………………（106）

图 19　工程竣工　………………………………………………………………………（109）

第1章　玛纳斯河流域概况

1.1　自然地理特征

1.1.1　流域位置

新疆维吾尔自治区玛纳斯河（简称玛河）发源于天山山脉中段的依连哈比尔尕山北坡，是一条山溪性内陆河。河流源头有冰川和终年积雪，沿途汇集哈熊沟、白杨沟、清水河等支流，由南向北流入准噶尔盆地，全长 324km，山区集水面积 5 150km²，径流量 13.16 亿 m³，是盆地南缘最大的一条河流。玛纳斯河流域山区汇流区和平原灌溉绿洲区总面积近 2 万 km²，位于天山北坡经济带核心区，东起塔西河，西至巴音沟河，南靠依连哈比尔尕山与和静县相隔，北接古尔班通古特大沙漠与和布克赛尔县、福海县相望。灌区内的主要行政单位有兵团第八师及石河子市、塔城地区沙湾市、昌吉州玛纳斯县和兵团第六师新湖总场和克拉玛依市的小拐乡。

1.1.2　自然地理

玛纳斯河流域地形总的趋势是南高北低。南部山区河源最高海拔超过 5 000m，有冰川面积 1 085km²；北部沙漠腹地的玛纳斯湖区最低海拔仅 250m，周边分布有克拉玛依油田。河流从南向北依次穿越中高山区、低山丘陵区、冲洪积扇区、冲洪积平原区，消失于沙漠区。河流两岸地貌呈东西条状分布，气候、土壤、植被等自然状况具有明显的垂直地带差异。中高山区为流域内主要天山牧场和林场区，也是河川径流的主要补给源。海拔 3 500m 以上为高山区，山体陡峭，峡谷深切，岩石裸露；海拔 1 500~3 000m 为中山区，山峦叠嶂，沟谷纵横，降水充沛，植被发育，森林多为云杉、灌木。低山丘陵区海拔 600~1 500m，其间东西向横卧玛纳斯山、霍尔果斯山及吐谷鲁山，河谷多为"U"形，两岸植被以三叶草、野麦、拂子茅等禾本科为主，覆盖率 50%，地表广布第四纪黄土，下伏西域砾岩，径流至此由形成转为散失，水土流失严重，是河流的主要产沙区，肯斯瓦特水库即在该区内。冲洪积扇区包括以玛河为主的五条山溪性河流形成的冲积扇，构成广阔的山前倾斜平原，海拔 380~600m，地层以砾石为主，上覆薄层土壤，河水大量入渗，是平原区地下水的主要补给区；冲积扇北缘地带地形变缓，地下水位抬高，泉水溢出，平原水库均建在此带。北部广阔的冲洪积平原区直至沙漠边缘是玛河人工绿洲的主要部分，在莫索湾、下野地一带地形更缓、土壤颗粒更细、地下水位更高，地下水和土壤盐分积聚加重。流域最北部是古尔班通古特大沙漠，呈现形态各异的固定、半固定沙丘景观，自然植被主要为梭梭、三芒草、沙拐枣、骆驼刺等沙生植物。

1.1.3　流域气候特征

本流域远离海洋，气候干燥，既有中温带大陆性干旱气候特征，又有垂直气候特征，属典型的大陆性气候。冬冷夏热，日温差大，光照充足，热量丰富，雨量稀少，蒸发量大。中高山区是河川径流的主要补给源，海拔 3 500m 以上的高山区终年积雪，有现代冰川发育，年均降水量 500~1 000mm，年蒸发量 400~500mm；海拔 1 500~3 000m 的中山区降雨充沛，年降水量 300~500mm，60% 以上降水集中于夏季。平原地区由南向北，气候差异很大，年平均温度在 6~6.9℃，无霜期 160~190 天，年降水量在 110~200mm，年蒸发量在 2 000~1 500mm。夏季最高气温可达 43.1℃，冬季最低气温可达-42.8℃。流域内最多风向，夏季多东北及西风，冬季多西南风。流域光热资源丰富，优于国内外同纬度的地区，对农业生产的发展是有利的。但春季气候多变而不稳定，降水变化大，易出现春旱、春寒天气，对农业生产危害大。夏季炎热，降水少，蒸发强烈，有干热风危害，同时还有冰雹、暴雨、洪水灾害。

根据多年实测资料，肯斯瓦特站多年平均气温为 5.9℃，7 月平均气温最高，达 22.3℃，1 月平均气温最低，为-13.8℃，最高气温 40.0℃，最低气温-32.0℃。多年平均降水量 338.2mm；多年平均蒸发量 1 550.6mm（$\Phi = 20cm$ 蒸发皿）；最大冻土深度为 140cm；多年平均最大风速为 18m/s。

1.1.4　土壤特点

流域内的灌区耕地土壤类型以灌耕灰漠土和潮土为主，其中在玛纳斯县、莫索湾垦区和西岸大渠沿线有大面积的灌耕风沙土，在石河子垦区有较大面积的灌耕草甸土和灌耕沼泽土。流域内土壤质地一般较适中，有 83% 的中壤和轻壤土，有利于作物生长发育。但在灌区的北部有大面积的沙性土，在灌区的低洼地区有一定面积的黏质土，个别地区还有较大面积的白板土分布，这些过沙、过黏和板结的土壤，对农业生产不利。

1.1.5　植被

植被群落、种类和分布状况在山区、平原区和沙漠区随气候条件呈现出明显的差异性。山区植被主要有雪岭云杉、少数小林木、混生灌木以及苔草、蒿草、早熟禾、勿忘草等。平原区常见乔木有杨、柳、榆、白腊等；灌木有梭梭、红柳等；人工栽培作物有棉花、小麦、玉米、葡萄等多种；野生牧草有麻黄、地黄、益母草、薄荷、甘草等。沙漠区植被主要有白梭梭、三芒草、灰蒿、沙拐枣等沙生植物。

1.2　水文特征

玛纳斯河发源于天山北坡的依连哈比尔尕山，源头有永久性冰川，由南向北流入准噶尔盆地，是一条内陆河。河源至小拐长度约 324km，沿程有清水河等多条支流汇入，红山嘴渠首断面以上的集水面积 5 156km²，多年平均年径流量 13.16 亿 m³。肯斯瓦特水文站以上的集水面积 4 637km²，多年平均年径流量 12.21 亿 m³。玛河径流年际变化平缓，年内分配集中，6—9 月的水量占全年径流量的 76.6%，冬季水量仅占 7.3%。玛河洪水主要集中于七八月份的汛期内，以暴雨融雪型洪水最具破坏性。肯斯瓦特坝址断面 10 年一遇洪峰流量 600m³/s，50 年一遇洪峰 1 249m³/s，500 年一遇洪峰 2 382m³/s，5 000 年一遇洪峰 3 601m³/s。玛河属于一条多泥沙河流，泥沙来源于降水融雪汇流对流域面的侵蚀和水流对河道的冲刷，多年平均悬移质输沙量 333.6 万吨，多年平均推移质输沙量为 66.7 万吨。河道开始结冰时间一般在 10 月下旬至 11 月下旬，全部融冰日期为 3 月底至 4 月中旬，全年封冻天数在 50~80 天，最大河心冰厚在 0.5~1.0m。河流水温 5—8 月最高，实测最高水温为 17℃，冬季水温一般为 0℃。玛河水体属一级清洁水质，多年来水质较稳定。流域水系见图 1。

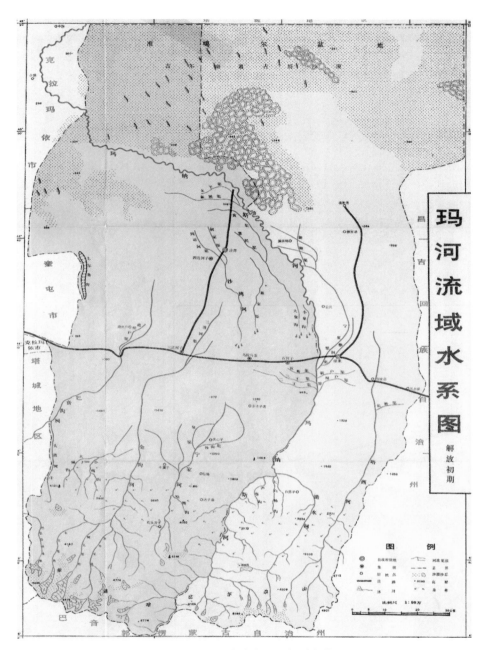

图 1   玛纳斯河流域水系（解放初期）

1.3   社会经济状况

玛河流域包括石河子市、农八师及所属的 14 个大型农牧业团场、玛纳斯县及所属 8 个乡、沙湾县的 5 个乡、农六师的新湖总场及克拉玛依的小拐乡。2019 年流域总人口约 85 万人。人口组成以汉族为主，少数民族约占 14%，主要有维吾尔、蒙古、哈萨克、回、东乡、满、藏等民族。灌区农业生产发达，农副产品加工、轻纺工业、化工工业发展迅速，是新疆人口密度较大、经济发展水平较高的地区之一。

　　农业是流域的基础产业，有效灌溉面积 316.30 万亩，农牧渔业并举，优势农产品为耐旱喜温的棉花，产量高质量好，给棉纺织业创造了有利条件，而且每年有大量皮棉供应国内外市场。流域内新型工业的发展走在新疆前列，石河子国家级经济技术开发区招商引资势头强劲，诞生了天业股份公司等知名企业。流域内城镇化发展迅速，特别是共和国军垦第一城——石河子市，有"戈壁明珠"之称。流域灌区发展状况见图 2。

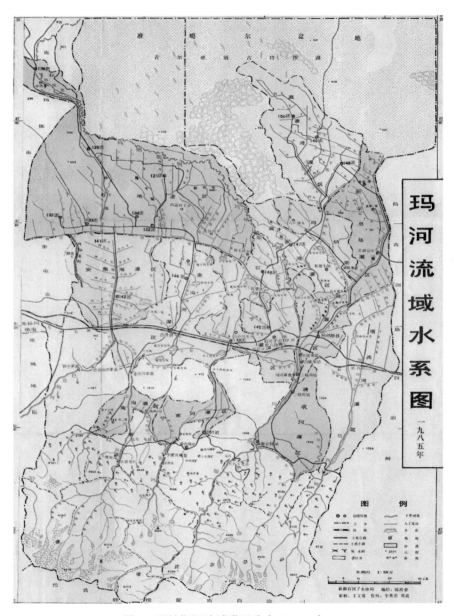

图 2　玛纳斯河流域灌区分布（1985 年）

　　玛纳斯河流域是一片神奇沃土，历代先民在此生生不息。至今尚留存有烽燧古迹，有林则徐、左宗棠等在新疆活动的历史记载，周恩来等多位国家领导人曾来此视察，两代军垦战士在此艰苦创业，建设边疆。著名诗人艾青身处其间情不自禁，写下了著名诗篇《年轻的城》。

　　一条流域，一片绿洲，一群拓荒人，一部建设史诗，值得我们永远铭记。

第2章　流域开发建设回顾

2.1　流域开发历史与人文活动

2.1.1　历史简要回顾

在天山北坡发育的诸多山溪性内陆河中，玛纳斯河是最大的一条，也是水土开发历史最悠久的地区之一，两岸农耕活动持续不断，各族人民生生不息，自古以来就是多民族混居、融合、开发建设的共同家园。

据史籍记载，唐朝时曾在此地设置西海县；在《元史》中，第一次出现了"马纳思河"的记载，意为河边有巡逻的人；清乾隆四十三年（1778年），置绥来县，隶属迪化道，县辖区东临昌吉县、西至喀喇乌苏厅、南达焉耆府、北临塔城厅，县域包括了汇入玛纳斯湖的数条河流，如呼图壁河等，是新疆最早开展农业生产的地区之一（详见图3：清代绥来县区划示意）；1954年，为避民族歧视之嫌，改绥来县为玛纳斯县。

1842年，林则徐被流放新疆，赴伊犁途经此地，在11月24日的日记中描述到："……一十里有玛纳斯河，车马涉过。是河本极宽深，今值冬令水弱，河流隔为三道，其深处犹及马腹，夏令不知如何浩瀚矣"。

1875年，清政府派左宗棠收复新疆，从北向南清剿阿古柏叛乱武装，其中玛纳斯县南城之战的胜利标志着北疆全部回到祖国怀抱。

1949年，三区革命军携玛纳斯河西岸直至霍尔果斯河的大片国土加入新中国，新疆和平解放。

1954年，新疆生产建设兵团成立，驻疆部队就地转业，担负屯垦戍边使命，流域开发建设全面展开。通过持续不断地兴修水利、开荒造田，在玛纳斯河两岸逐步建成国内领先的大型灌区。

1999年，玛纳斯河流域遭遇特大洪水灾害，损失巨大，流域防洪和供水安全问题亟待解决，山区控制性工程建设提上议事日程。

2005年，邀请水利部水规总院为肯斯瓦特水利枢纽工程进行咨询，控制性工程论证工作正式启动。

2.1.2　河流发育与演变

随着天山山脉隆起，在其北坡生长发育了一系列南北向山溪性河流，都流向准噶尔盆地腹地，其中玛纳斯河是径流量最大的一条，它的河流发育、生态演变与流域的气候特征、地壳变化导致的地形地貌变化以及人类活动有关，是一个漫长而复杂的历史过程，在天山北坡具有典型代表性。认识其发育特点和演变过程，对于正确把握流域生态安全与可持续发展定位非常重要。

玛纳斯河发源于天山北坡中段，源头为天山43号冰川，由南向北流入沙漠腹地的尾闾湖，

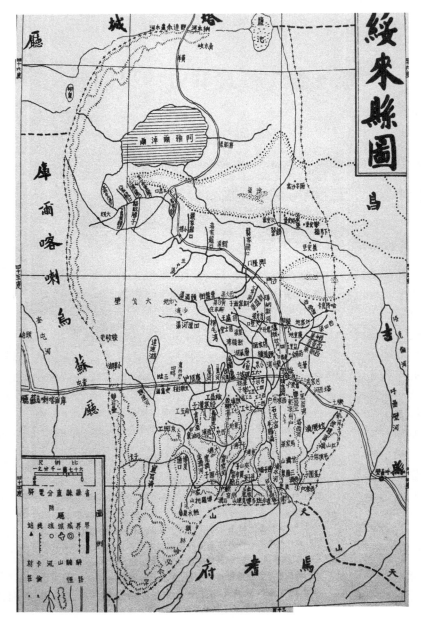

图3　清代绥来县区划示意

受尾闾湖泊位置和水位变化的影响，河流长度时有变化。一般认为小拐以上河道较稳定，至河源的河道总长度约324km。按照内陆河地表径流形成、运移、散失的一般规律，可以将河流划分为上游、中游、下游和尾闾湖泊或湿地。

肯斯瓦特水文站以上为上游河段，河曲发育，支流众多，峡谷深切，河床基岩裸露，水流湍急。虽然研究表明，玛纳斯河源头的冰川在第四纪以来一直呈现缩小趋势，但高山区春夏季冰雪融水和天山北坡的大气降水，仍然为河流提供了可靠的水源补给，水文站断面以上集水面积4 637km²，实测多年平均年径流量12.21亿 m³。在20世纪五六十年代，为了经济建设河流上游曾经有过一段时间的森林砍伐，对山地水源涵养系统有一定的破坏，但很快就禁止了，现在山区的轮牧和休牧制度已基本建立，流域上游基本维持了天然状态。

肯斯瓦特水文站至红山嘴渠首之间属于中游河段，现代研究有两个重要发现，一是此河段穿

6

行于一个大的向斜构造，从南向北，河床出露地层依次为第三纪—第四纪—第三纪，至红山嘴处为玛纳斯背斜轴部，在泥岩顶托下潜流溢出，因此存在本流域地表径流沿河入渗—运转—溢出的地质条件；二是此向斜构造东西展布上百千米，东至呼图壁河、西至金沟河，形成一个巨大的地下储水区，而且以玛纳斯河为最低排泄出口，因此在红山嘴以上两岸有多处高位泉常年稳定补给玛纳斯河，研究表明有旁侧河流入渗水通过向斜构造东西向运移至玛纳斯河。红山嘴断面以上集水面积为 5 156km²，实测年径流量为 13.16 亿 m³，与上游肯斯瓦特站相比，集水面积增加了10%，径流量增加了 8%，但根据降水产流条件分析的区间产流量并没有这么多，跨流域补给占了相当一部分，红山嘴上游 5~10km 的高位泉水溢出一直都存在着。玛纳斯河梯级引水式水电站建设，造成了肯斯瓦特以下河段中出现了减水河段，但两岸植被多为依靠天然降水生存的灌木，天然河谷林只在红山嘴附近有泉水溢出的岸边生长，河流生态基本未受到发电引水的影响。

河流流经红山嘴渠首后进入下游河段，河床基岩面断陷下降，推移质大量堆积，形成广阔的玛纳斯河冲积扇和冲积平原，河床质逐渐由第四纪卵砾石过渡到细颗粒土，河流依次穿越粗颗粒扇顶—扇缘泉水溢出带—人工绿洲—沙漠，最后到达尾闾湖泊，河流逐渐变缓，河床摆动游荡，河曲发育，水量不断散失，枯水年季节性断流，夏季洪水方有可能注入尾闾湖泊，在玛纳斯灌区大规模开发后更为明显。因此，玛纳斯河天然状态下就是一条季节性河流，一些河段的季节性断流以及尾闾湖泊的间歇性充盈—萎缩—干涸—再充盈，是它的本底特征之一，沿河生态系统也是在此自然条件下建立和演化的，但人工绿洲的建立，打破了自然状态，构成下游荒漠景观向人工绿洲发展的演变，造就了新的人类生存空间，也提出了河流生态保护新的课题。但从尊重自然角度看，维持河流完整性时应追求河道的连续性，但不能强行追求河道内水流的连续性，才符合本河流自然特性，这个观点，对于当前河流生态基流管控非常重要。

河流尾闾的玛纳斯湖，古称阿雅尔淖尔，据有关研究成果，此湖在 300 年前曾是玛纳斯河、金沟河、巴音沟河、呼图壁河、三屯河夏季洪水的共同归宿，并在其东侧有唐朝渠溢出，从绥来县（今玛纳斯县）北上阿勒泰的驿道由湖东侧经过，湖面烟波浩渺，堪比大泽。据玛纳斯县志记载，20 世纪 50 年代初，玛纳斯湖湖面面积尚有 550km²，略小于当今的艾比湖；自 60 年代以来持续干涸，1999 年流域发生特大洪水后再次充水，据 2017 年卫星图片显示，已演变为小拐附近 60km² 左右的一片新水域，远离古湖区位置。作为尾闾湖泊，从河流完整性来看，它的存在理由和生态价值是不容置疑的，但在经济社会可持续发展和人与自然和谐共生角度来看，此湖的生态保护还有许多需要研究的问题，也是当前许多干旱区内陆河面临的共同课题。但流域内人类用水活动的规模必须有所控制是毋庸置疑的。

2.1.3 屯垦戍边水土资源开发回顾

"屯垦兴，则西域兴；屯垦废，则西域乱"，从西汉凿空西域，历经盛唐、康乾盛世直至民国离乱，流域内屯垦移民活动，随着中央政权对边疆管理的强弱，时兴时衰。屯垦事业是国家战略，对中华民族具有深远的政治意义。据资料记载，1949 年本流域内灌溉面积不足 20 万亩，主要集中在下游平原区，多采取无坝引水方式，建有杨家摆、新盛渠等多处取水工程。20 世纪 50年代初，新疆生产建设兵团大规模兴修水利，发展农业生产，到 20 世纪末，流域总灌溉面积已达到 316 万亩，总人口 80 多万人，沿河修建了红山嘴渠首、东岸大渠、夹河子水库、西岸大渠、莫索湾总干渠等骨干水利工程，成为国家著名的棉花和粮食产地，同时诞生了"戈壁明珠"石河子市。通过水土资源开发，以人工绿洲代替自然荒漠，积极拓展人类生存空间，虽然客观上造成了玛纳斯湖萎缩甚至长时间干涸，但并未形成严重的生态环境问题，从国家利益、当地经济社会发展和流域环境安全回顾来看，不失为干旱地区内陆河流域开发治理的典范。

2.1.4 流域水资源管理格局的形成

玛纳斯河流域的行政区划几度变更。民国初期，河西的金沟河、宁家河及巴音沟河流域从绥来县分出设沙湾县；随着屯垦事业的发展，1954 年以后在玛河西岸设立石河子市，在沙、玛两县境内形成农八师垦区；为了促进石油工业发展，1958 年在流域北部设克拉玛依市，逐渐形成多用户的复杂用水局面。为了协调上下游用水关系，促进民族团结和兵地融合发展，新疆自治区人民政府在 1981 年决定成立玛纳斯河流域管理处，作为水利厅的派出机构，负责水资源分配并协调各方用水关系，是实行流域水资源统一管理、实施定额管理和水资源有偿使用制度较早的地区之一。

2.2 流域开发治理思想的演变

2.2.1 新中国治水思想发展历程

我国的农耕文明史，就是一部历经艰辛的治水史。上古时代，大禹治水的故事流传至今。鲧用"堵"的办法治水，徒劳无功而被处死。禹是鲧的儿子，为了完成父亲没有完成的职责，"三过家门而不入"，呕心沥血，找到了"疏"的办法，引流入海泽被万民。这个故事深深印在炎黄子孙心里，大禹之"大"不仅在于其舍家为民的精神，也在于其找到了正确有效的治水方法。从古到今，中华儿女依靠农耕文明生息繁衍，留下了都江堰等许多辉煌的水利工程，也留下了很多好的治水思想，每当后人遭遇挫折迷茫之时，总可以从史籍中找到启迪。

虽然人类对自然奥秘的认识越来越深刻，但对于人与自然的关系认识，特别是达到天人合一境界实现途径的探索，并未超越我们的祖先。表现在治水思想方面，其方向和轨迹并不是始终如一的。通过对新中国成立后政府主导下的治水活动的分析，可以看到国家治水思想有一个逐渐深入和演变的过程，可以归纳出六个方面的转变，体现了治水理念经历实践、认识、再实践、再认识，不断螺旋上升的过程。

一是从非可持续向可持续发展理念的演变。主要表现为从更大跨度的时空角度，审视治水工程和管理措施的合理性，比如对子孙后代的影响如何？对周边自然生态的影响如何？是否与当地环境协调并具有游览观赏价值？这些着眼于长远的反思，随着国家建设高速发展，其紧迫性日益增加，直到 1998 "大洪灾"达到高潮。

二是从"人治水"到"法治水"理念的转变。这是国家围绕水资源管理不断总结积累管理经验、化解用水矛盾、规范涉水行为、和谐全社会关系的艰难历程。以《中华人民共和国水法》和《中华人民共和国防洪法》为典型代表。

三是从"人水对抗"向"人水和谐"理念的转变。主要表现为从单纯抗洪向利用洪水资源转变；从与水争地、争路向给水让路转变；从防水害人向防人害水转变。政府逐渐开始主动限制开荒造田、围垦、打井取水和污水无序排放等活动；学术界积极开展水资源承载能力研究并积极呼吁北方干旱地区国民经济和社会发展必须坚持"以水定人、以水定地、以水定产、以水定城"的原则。

四是从经济水利向民生水利理念转变。主要表现为政府在解决人饮水问题上从民间自发到政府自觉；从仅仅保障人饮水工程安全到综合考虑观赏游览景观。在 1994 年发布的《国家水利产业政策》中，把农村供水列为政府投资的公益性甲类项目；把城市和工业供水列为企业投资的经营性乙类项目，将农业农村和农民当做优先重要供水对象，是从国情实际出发的治水良策，农村人饮解困工程持续投资，为亿万农民带来长期福祉，为稳定农村促进发展奠定基础。

五是从满足经济发展需要向满足人与社会协调发展需要的理念转变。我国过去几千年都是农耕文明、农业社会，农业农村用水是原始用户和主力用户，随着新中国成立后各业并举特别是改革开放后的快速工业化、城市化进程，用水户构成日益多元化，需水总量持续增长，水资源配置捉襟见肘，优先次序成为不可回避的问题，新兴用户对传统用户的冲击日益加剧，保护农业农村农民利益成为政府重要任务，主要表现为开始注重征地补偿和移民安置；开始加强农业节水以投资换资源；开始强调用水效益，协调工业与农业、生活用水的关系；开始将服务对象从农业农村向服务整个国民经济和社会发展转变。

六是从单纯开发到开发利用和保护相结合的理念转变。在经济高速发展对水资源高强度消耗背景下，资源的稀缺性和有限性被广泛认知，人们开始反思并发生思想嬗变，主要表现为广泛实行封山育林、退耕还林以涵养水分；在全国实行最严格水资源管理制度以限制需求增长；开展节水型社会建设以减少浪费；积极探索水生态、水环境、水安全等综合策略以确保可持续发展。

"节水优先，空间均衡，系统治理，两手发力"是新时期习近平倡导的治水新思路，"绿水青山就是金山银山"是习近平绿色发展理念的形象表达，这些重要思想源于中华文明、生根于中国大地，将引导我国水利事业发展步入了一个更高的发展阶段。建设肯斯瓦特水利枢纽工程，首次提出是在 1957 年的第一次流域规划中，实质性起步于 1999 年流域大洪水灾害之后；争论中错过了西部大开发第一个十年；在国家应对 2008 年东南亚金融危机的背景下，与黔中调水工程一起作为标志性工程批准上马；在新发展理念逐渐深入人心的 2017 年建成运行，在当前全新的视角下，回顾项目谋划、申报和审批过程，总结项目论证、建设与初期运行中的经验和教训，对此项国家重点工程的正确管理和合理运用，具有现实和长远的意义。

2.2.2 屯垦戍边背景下的大开发规划及其影响

玛纳斯河流域在新中国成立初期是中国人民解放军 22 兵团的驻扎区域，以陶峙岳将军领导的起义部队为主，从 1949 年 9 月 25 日正式起义开始，为了解决驻军给养问题，部队陆续开始组织生产活动。1952 年，毛主席发布命令，要求新疆部分官兵暂时放下战斗的武器、拿起生产的武器，借鉴 359 旅在延安的经验，就地开展以解决军队粮食问题为主要目标的大生产，部队快速响应，从玛纳斯河东岸直至奎屯河流域，资源勘查迅速展开，军队给养问题很快就得到了解决。根据边疆稳定和发展需要，党中央高瞻远瞩于 1954 年正式组建新疆生产建设兵团，新疆的屯垦戍边事业正式拉开了序幕。

根据《玛纳斯河水利志》记载，20 世纪 50 年代初期，在王震将军关怀下，水利工作者在 22 兵团驻扎的呼图壁、玛纳斯、乌苏一带、天山北坡诸小河流域，迅速开展了粗线条的水土资源调查和工程规划工作，在充分利用老灌区引水系统发展生产之外，根据党中央屯垦戍边战略方针的要求，很快确定了在东起塔西河、西到古尔图河的广大区域内，兴修水利，开荒造田。部队行动迅速，边找可耕地、边勘察水源、边规划设计，部队随即铺开施工，先后修建了开发下野地灌区的西岸大渠、蓄泉水的大泉沟水库、蘑菇湖水库等工程，提出在玛纳斯河出山口处修建拦河引水枢纽及其配套工程以及尽快开发石河子和莫索湾大片土地的规划设想。

玛纳斯河流域开发，是国家实施屯垦戍边的战略背景下，由第一代国家领导人高度重视和亲切关怀下展开的，不但选派具有南泥湾开荒经验的王震将军主政新疆，而且在资金、技术、人才等方面全力支持新疆建设，共和国首任水利部部长傅作义还曾亲临玛纳斯河流域考察指导工作。当时中苏关系密切，为了避免失误和浪费，国家邀请苏联专家指导兵团的水资源开发工程建设，苏联专家大多来自中亚各加盟共和国，具有丰富的灌溉农业开发经验，对兵团提出的一揽子工程规划方案，进行了审查，除了反对修建跃进水库之外，其他都给予肯定。因此玛纳斯河流域的开发建设走在新疆前列，规划引领和苏联经验借鉴是功不可没的。

在"大跃进"的背景下，苏联专家提出的平原水库会产生下游次生盐渍化危害的担忧不再有约束力，截至1962年，引蓄玛河河水的跃进水库、引蓄巴音沟河水的安集海水库、玛河第一座拦河水库——夹河子水库先后建成，同时红山嘴拦河渠首、东岸大渠和四、五级水电站等工程快速建成，屯垦范围遍布冲积扇两岸阶地、泉水溢出带、细土平原和沙漠边缘，灌溉面积从1949年的20万亩快速增加到400万亩以上，基本形成了今天的人工绿洲格局。

与此同时，玛纳斯县和沙湾县的水土开发在兵团示范和帮助下同步发展，流域开发规模巅峰期达到527万亩。玛纳斯河流域的开发模式和用水管理长期以来都是我国干旱半干旱区的典范，是著名的先进灌区，这应该归功于有远见的规划。虽然曾经发生在阿姆河和锡尔河的绿洲演变故事，也在玛纳斯河流域重演着，面对次生盐渍化的危害和连续干涸多年（1962—1999年）的玛纳斯湖，开发者们从正反两方面客观分析了利弊，以高度自信的态度继续探索流域治理新境界。流域自然环境在悄然改变，人们面对自然的态度和观念也在改变，自然界永远是人类的老师。

2.2.3 连续二十年干旱和蘑菇湖水库污染背景下的反思

玛纳斯河流域中高山区是主要产流区域，肯斯瓦特水文站实测多年平均年径流量12.21亿 m^3。开发初期的1958年、1959年水量偏丰，分别是14.13亿 m^3 和12.80亿 m^3，其后十几年间丰、平、枯间隔变化。从1970年开始直至1993年，大河来水量持续偏少，其中，1984年仅有9.81亿 m^3，比均值低20%。24年累计少来水24.77亿 m^3，详见表2-1。连续枯水年，使得流域内各业用水矛盾加剧，尤其是农业连年广种薄收，被迫弃耕部分土地，由此激发了人们对玛纳斯河流域水资源开发利用更深层次的思考和探索，兵团农业用水水平最高的第八师开始探索更高水平的农业用水模式。为不断提高输水效率，多年来持续开展渠道防渗，尤其是塑料薄膜防渗方面走在全国前列；为不断提高用水水平，提高田间水利用率，持续探索标准沟畦灌、低压管道灌、膜上灌、喷灌等灌水方式，而且都在灌区广泛应用。

表 2-1 玛纳斯河 1970—1993 年大河来水情况（肯斯瓦特站） $\times 10^8 m^3$

年 份	1970	1971	1972	1973	1974	1975	1976	1977
年径流量	11.41	12.01	12.8	9.93	11.67	11.04	10.94	10.19
径流偏差	-0.8	-0.2	0.59	-2.28	-0.54	-1.17	-1.27	-2.02
年 份	1978	1979	1980	1981	1982	1983	1984	1985
年径流量	11.61	10.56	11.26	12.9	12.27	9.78	9.81	10.31
径流偏差	-0.60	-1.65	-0.95	0.69	0.06	-2.43	-2.40	-1.90
年 份	1986	1987	1988	1989	1990	1991	1992	1993
年径流量	11.1	13.18	13.15	11.51	11.35	12.39	9.33	11.2
径流偏差	-1.11	0.97	0.94	-0.70	-0.86	0.18	-2.88	-1.01

＊数据来自自治区水文年鉴，其中1991—1993年数据来自水利年报。

量变迎来质变，20世纪90年代初，农八师率先摸索出棉花膜下滴灌模式，将亩用水定额降低到400 m^3（场口计量）以下，达到国内领先水平，这个革命性的新模式深刻影响了流域各业发展。一是膜下滴灌采用根系给水，灌水量大大降低，田间入渗减少，平原区地下水位下降，困扰流域多年的次生盐渍化得到一定缓解，从而产生农渠毛渠和农排功能退化，纷纷被平整后利用，在节水20%的基础上，又提高土地利用率5%左右；二是大面积加压滴灌建设使农用电负荷快速增长和农村电网改造需求，对水电站运行非常有利，玛纳斯河流域水电资源开发再次迎来机遇；三是棉花喜温耐旱，适宜滴水出苗，大面积增加棉花播种面积，减少小麦播种面积，缓解了春旱矛盾，用水高峰与大河洪水过程吻合度提高，农业保灌面积长期稳定在 300 万亩以上；四是棉花经济价值高于粮食作物，大面积植棉并发展轻纺工业，改善了经济结构，也提高了农业用水效益；五是农业节水滴灌的快速发展，促使地膜、滴灌带和塑化工业的发展，石河子天业集团在节水器具和材料领域大力进行技术攻关，由此引发新型工业化在石河子市的大发展。

石河子市作为一座年轻的城市，市区人口在 20 世纪 90 年代也只有 20 多万人，在艾青的诗里面是分不清是田园还是城市的，绿树成荫的城市中糖厂、棉纺厂、造纸厂等逐渐建立，城市及工业废水逐渐增加。从 20 世纪 80 年代起，蘑菇湖水库的入库泉水量减少且与农田排渠水、城市排污水混合入库，在新建污水处理厂之后，由于处理能力低，仍有直排入库，水库水质持续恶化。90 年代先后关闭了造纸厂、糖厂等污染企业，也尝试过氧化塘等治理方式，都没有从根本上解决问题，至今仍然是依靠引河道洪水入库稀释，维持水质在Ⅳ类至劣Ⅴ类之间，通过西岸大渠 40 多千米沿线的植物和水生生物代谢，使进入下野地灌区的库水满足农业灌溉条件，以维持下野地百万亩农田用水安全。进入 21 世纪，随着城市化和工业化发展，工业废水排放量大大增加，石河子改造了排污系统、新建了第二污水处理厂专门处理工业废水，中水回用和河湖水系综合治理正在探索之中。

2.2.4　绿洲农业与生态安全问题得到重视

中国科学院新疆生物土壤沙漠研究所和自治区土地管理局、自治区农科院的专家学者从 1978 年始至 1996 年，在新疆荒地资源考察、塔里木河流域综合考察、塔克拉玛干沙漠综合考察的基础上，在研究新疆资源开发和生产布局过程中，在全疆土壤普查的基础上，基于人口、资源、环境和发展等维度，开展了长期深入的研究，在《新疆土地开发对生态与环境的影响及对策研究》（樊自立主编）中，从灌溉绿洲的形成、发展和演变入手，分析古代绿洲荒废的原因，探索可持续发展之路；用新中国开发建设新疆的大量数据，客观全面地分析了土地开发对生态环境的有利和不利影响；对新疆土地开发与生态保护提出了系统的对策和建议。

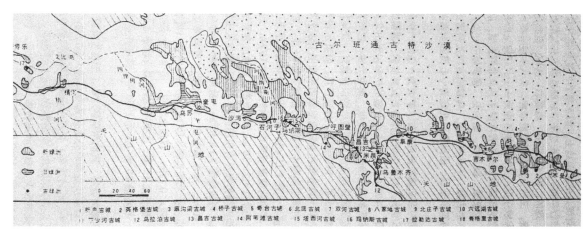

图 4　天山北麓绿洲分布示意

研究报告系统提出了土地开发应从六个方面进行优化：一是建设山区水库，开发水能资源；二是扩大竖井排灌，进行渠道防渗；三是推行节水灌溉，加强灌溉管理；四是提高"五好"农田建设，推行生态农业；五是内涵挖潜为主，发展集约经营；六是适度扩大耕地，保证持续发展。这些思想观点极具前瞻性，对 1993 年启动、1997 年定稿的玛纳斯河流域综合规划产生了重要影响，在规划成果中也有所体现。详见图 4。

2.2.5 改革开放背景下的 1997 年版流域规划情况

1993 年，为适应改革开放、发展经济的需要，自治区和兵团联合启动玛纳斯河流域规划修编工作。规划以 1990 年为基准年，针对当时的发展要求，提出了流域内存在的主要问题：一是缺少有一定调节能力的山区控制性枢纽工程，导致平原水库控制不住的上游灌区 115 万亩灌区灌溉保证率低；二是北部灌区地下水位普遍升高，土壤盐渍化日趋严重；三是玛纳斯河山区有丰富水能资源，且石河子电网急需有调节能力的水库电站，对工业发展不利；四是平原水库坝体病险严重、库区淤积严重且蒸发渗漏损失大，调节能力逐年下降，导致蓄水能力不足，常造成洪水没来库已放空的卡脖子旱情；五是玛纳斯河洪水频繁泛滥，现有工程能力不足导致石河子市、北疆铁路和 312 国道、夹河子水库、下游农田村庄和克拉玛依油田均处于洪水威胁之下，每年流域防洪抢险代价很大；六是市区污水直接排入蘑菇湖水库导致水库无法养鱼，水质逐年恶化。

本次规划伊始，正是全疆反思水土开发与生态环境保护的争论期，第一代开发者大都健在，记忆犹新的经验和对流域未来的责任感，促使新老两代兵团人冷静思考严肃反思，对流域开发以来的环境变化做回顾性评价成为共识。历经两年时间的调查分析，做出了如下结论：一是流域内荒漠生态植被逐渐减少，而人工绿洲逐渐扩大，人工绿洲的质量优于天然绿洲，流域适合人类生存的空间有所扩展。二是流域内水资源、水环境和水生态出现较大变化。人工修建的水库多了，天然湖泊和沼泽少了；渠道输水去灌区多了，河道输水去尾闾少了；地下水人工开采多了，自然溢出的泉水少了，无效蒸发渗漏的水少了，但这些变化都在可持续的范围内，随着河流丰枯变化而变化。三是土壤环境发生变化。绿洲范围人工成土过程代替了自然成土过程，平田整地、拉沙改土、精耕细作、人工施肥等提高了土壤地力，早期大水漫灌造成的次生盐渍化在竖井排灌和膜下滴管等措施治理后也得到改善；绿洲外围直至沙漠边缘因为地下水补给减少，地表植被退化和沙漠化有所发展，但仍以固定和半固定沙丘为主，梭梭、红柳、胡杨等沙漠植被生长良好。四是大量的水资源利用工程的兴建，改变了水资源在时空上的分布，经济社会利用的水资源和水能资源多了，人类受到的洪水威胁小了，工农业生产发展，人口聚集效应显著，流域内兵团人口 60 多万，占全兵团的 20% 以上。评价的结论是偏于乐观的，因此流域规划的总基调也是积极进取的。各个水平年主要发展指标见表 2-2。

表 2-2　1997 年版流域规划指标

水平年	1990	2000	2010	2020
流域人口（万人）	60.4	66.2	71.3	76.7
灌溉面积（不含复播）（万亩）	287.6	316.3	359.5	398.0
防护林（万亩）	28.0	31.0	38.0	44.0
果园（万亩）	1.8	2.3	3.2	3.8
牲畜存栏数（万只）	93.6	133.9	166.1	190.3
工业和农副产品加工业（亿元）	18.8	52.3	114.5	233.4
渔业养殖（万亩）	5.0	5.5	5.5	5.5
经济社会用水总量（亿 m3）	15.91	15.58	16.77	18.05

规划原则是以灌溉为主，保证工业与城镇用水，合理开发水能资源，兼顾防洪，维护生态，最大限度发挥水资源综合效益。支撑这些规划指标的水资源条件是：地表水资源量 12.85 亿 m^3；

灌区地下水可开采量 5.62 亿 m³；泉水溢出量 2.88 亿 m³。其中地下水天然补给量为 0.53 亿 m³，玛纳斯河出山口径流量 12.85 亿 m³，天然资源量仅为 13.38 亿 m³，水资源利用率已经大于 100%。实现上述目标的关键是在山区修建肯斯瓦特水利枢纽工程。1997 年版流域规划报告，历经 5 年时间，做了大量的调查研究工作，摸清了灌区耕地规模、渠系防渗状况、水库淤积状况、地下水利用状况和各业用水情况，为后续工作打下了良好的基础。

此版流域规划在水土开发方面依然秉承了扩大灌溉面积的思想，带有当时时代的烙印。

2.2.6　玛纳斯河"99·8"特大洪灾情况以及流域防洪安全共识的形成

1998 年我国长江流域洪水成灾，损失巨大。1999 年 7 月 20 日至 8 月 2 日期间，玛纳斯河山区在持续高温之后连降暴雨，形成流域有记录以来的特大洪水，肯斯瓦特水文站测得洪峰流量分别为 1 070m³/s 和 1 095m³/s，7 日洪量达 2.496 亿 m³，峰值和量值均为实测水文系列第一位。红山嘴—夹河子水库段，河道长时间行洪，使堤防多处被毁，欧亚通信光缆中断，石河子市通航机场进水。大量洪水进入夹河子水库，水库虽全力泄洪，库水位仍达到距离坝顶仅 0.11m，第八师动员上千人在坝顶昼夜守护，避免漫顶，自治区和兵团领导乘直升机现场指挥防汛，情况万分危急。为保住夹河子水库大坝，水库长时间大流量泄洪，致使下游呼克公路交通中断、石油管线冲断、农田村庄多处水毁，紧急状态持续 20 多天。与此同时，与玛纳斯河相邻的金沟河、巴音沟河也同时发生特大洪水，其中金沟河的洪沟水库、海子湾水库相继扒坝泄洪，巴音沟河的安集海二库也扒坝泄洪，下泄洪水损毁了安集海灌区、下野地灌区、沙湾县老沙湾灌区大片农田，在 121 团境内汇入玛纳斯河，三条河洪水遭遇后向下游泛滥，淹没 135 团、136 团和小拐乡大片农田和村庄。灾后统计，洪灾造成的直接经济损失 12.02 亿元，受灾人口达 8 000 多人，倒塌房屋 600 多间；农作物受灾面积 32 万亩；损毁公路、输电线路、通信线路和水利工程多处，损失巨大。

痛定思痛，流域管理机构启动了肯斯瓦特水利枢纽工程前期工作，玛纳斯河流域治理翻开了新的一页。

2.2.7　世纪之交的新变化

玛纳斯河流域在新世纪来临之际，流域开发与治理再次面临新的机遇与挑战。一是始于 1996 年的大型灌区续建配套与节水改造，将玛纳斯河灌区列为特大型灌区，从 1998 年到 2017 年，持续投资开展骨干渠道防渗改造建设，渠系水利用系数逐渐提高；二是国家实施西部大开发战略，肯斯瓦特水利枢纽工程争取中央投资支持的可能性大大增加，自治区和兵团均将其列入"十一五"规划，考虑到自治区同期申请国家项目较多，最后决定由兵团为主向国家申报该项目，兵地联合局面形成；三是灌区膜下滴灌发展进入高速普及期，加压滴灌面积激增，农业用电负荷快速增长，上市公司天富电力也有开发水电的积极性；四是石河子作为兵团新型工业化的龙头，工业用电和用水需求快速增长，迫切需要增加工业用水配额，提高水资源供水保证率；五是国家水利部在大型灌区节水规划审批时，明确了各个大型灌区的灌溉面积，严格禁止开荒行为，要求玛纳斯河流域在灌溉面积保持 316.3 万亩的基础上，挖潜改造、保护生态、发展经济。

肯斯瓦特水利枢纽工程的规划论证在科学发展观指导下有序展开。1999 年，兵地联合启动项目建议书阶段勘察和规划设计工作；2005 年，水利部水利水电规划总院正式启动咨询指导；2006 年水利部审查通过项目建议书；2008 年国家批准立项；2009 年导流洞开工；2010 年兵团批准初步设计，工程正式开工；2016 年基本完工；2017 年投入初期运行，工程效益显著。

2017 以来，国家持续加大环境保护力度，玛纳斯河流域逐步落实最严格的水资源管理制度和河长制，河流生态修复和河道生态基流得到关注，地下水超采区管控有序进行，规范人的行为和促进资源环境可持续利用成为共识。回顾肯斯瓦特水利枢纽工程规划论证历程，追忆两代流域开发建设者们的思想轨迹，对照习近平"节水优先，空间均衡，系统治理，两手发力"的新时期治水思路，玛纳斯河流域治理思想的转变及山区控制性工程谋划时坚持的规划思路，遵循了人与自然和谐相处的原则，是科学合理并令人欣慰的。

第3章　玛纳斯河流域可持续发展面临的主要问题

玛纳斯河流域是新疆和兵团经济发展的重点区域，位于天山北坡经济带的核心，人口密集，经济社会的高速发展依赖于水资源的高效利用。虽然从全疆来看，本流域的水资源开发和管理水平比较高，但在2005年控制性工程前期工作启动之时，流域在防洪安全、资源优化配置、水能开发和生态保护等方面，仍然存在一些亟须解决的问题，制约了流域的可持续发展。回顾这些问题的分析研究过程，对理解工程建设任务和今后管理运用具有现实意义。

3.1　防洪安全保障能力低

玛河流域防洪工程比较单一，上游山区河段没有控制性工程，对洪水没有调蓄能力。中游的夹河子水库是玛河上唯一具有调洪能力的水库，水库总库容1.0亿 m^3，调洪库容0.48亿 m^3。因位置偏下游，对石河子市等中上游保护对象没有贡献，且因淤积严重，调节能力小，对下游保护达不到规范标准。堤防工程主要布置在中、下游河段，建设标准较低，防冲能力较差，目前只能抵御5~10年一遇的洪水。从夹河子水库直到克拉玛依市小拐乡下游河段，无永久性防洪工程，只修建了一些临时性防洪土堤和梢木护坡。但需要防洪保护的主要对象日益增多，安全要求不断提高，如西岸的石河子市及国家经济技术开发区和北工业园区；沿河农田及村庄；下游与玛河相伴的呼克公路、输油管道及输变电线路等重要工程设施等，都是当地国民经济的命脉，流域防洪能力与客观要求极不相称，防洪安全问题及其突出。

根据相关资料记载，流域每年在主汛期均处于防洪紧张状态，随着经济社会发展，洪灾损失也日益增大。自1957年以来，洪灾几乎年年都有，其中较大的历史洪灾记录有：1957年7月，玛纳斯河洪峰流量达420 m^3/s，玛河西岸堤防决口3处，东风公社受淹，受灾面积5 000多亩，冲毁渠道和房屋多处。1966年7月，肯斯瓦特水文站实测洪峰流量773 m^3/s，石河子市洪灾直接经济损失达数十万元。1984年春洪，洪水汇流进入石河子城区和乌拉乌苏公社，淹没312国道，阻塞交通达半个多月，同时冲毁大量农田和工程设施。1987年、1988年连续两年出现洪灾，洪水冲毁部分跨河工程，使下游多条公路交通中断，并严重威胁克—乌输油管线的安全，水毁损失达600多万元。1994年主汛期，洪水导致玛河公路大桥桥墩下沉，桥面断裂，车辆被迫停止通行达一个月之久，玛河两岸防洪堤加固加高耗费防洪资金近200万元。1996年7月，肯斯瓦特水文站实测洪峰流量为735 m^3/s，北疆铁路玛河大桥冲毁10余米，钢轨悬空，致使铁路中断；玛河西岸防洪堤多处冲毁，西调渠破坏严重，大泉沟引洪渠首不能引水；石河子市沿河村庄、防洪工程和水利设施受损严重；受灾人口达1.5万人；洪水造成的直接经济损失达2.5亿元。

1999年汛期，流域遭受了1949年以来最大的一场洪涝灾害。从7月20日至8月20日，玛纳斯河与其相邻的金沟河、巴音沟河同时发生特大洪水，其中玛纳斯河肯斯瓦特水文站实测洪峰流量高达1 095 m^3/s，7日洪量达2.5亿 m^3，均为实测水文系列第一位。乌伊公路、北疆铁路和呼克公路交通先后中断，欧亚通信光缆和石油管线冲毁，石河子市飞机场进水。夹河子水库全面开闸泄洪情况下，水库最高水位仍然超过校核洪水位，最高时距坝顶仅0.11m，如遇大风必然会

15

漫顶溃坝，情况万分危急。下泄洪水在下游与金沟河、巴音沟河的洪水遭遇，造成大面积洪水泛滥，受灾人口近万人，倒塌房屋600多间；农作物受灾面积32万亩；乡村公路中断37条；损坏输电线路和通讯线路各30km以及大量水利工程设施。根据石河子市、沙湾县、玛纳斯县以及自治区交通厅的洪灾损失统计，直接经济损失达12.02亿元。

流域防洪安全问题，已严重影响当地的社会稳定和经济建设，成为流域面临的首要问题，也是山区控制性工程的首要任务。

3.2 水资源配置工程不完善导致季节性缺水严重

玛河流域的地表水资源利用主要依靠上引、下蓄的方式实现，红山嘴渠首在出山口，可以控制全灌区316.30万亩灌溉面积，但五座大中型平原水库均在灌区中部，只能控制北部65%左右的面积，灌区只能在春季采取尽量为上游灌区配水，下游先用平原水库供水的方式运行，一旦大河来水不足或不及时，上游就会受旱。因此出现三个方面的突出问题，一是无调节保证的南部灌区与北部灌区相比，供水保证程度差别很大。北部灌区灌溉保证率可以达到92%，而南部灌区灌溉保证率仅为44%，表现为极度的空间不均衡。北部灌区灌溉保证率高，受益于水利工程系统的配套完善，南部灌区灌溉保证率较低，主要原因就在于上游没有调蓄工程，属于典型的工程性缺水；二是多年来南部灌区为摆脱旱情，被迫在春秋两季过多的开采地下水，导致局部地区地下水超采严重。特别是石河子灌区，工农业均开采地下水，近年来市区及周边局部地区地下水位持续下降，局部地方已形成地下水漏斗，平均年降幅达0.3m左右，处于不可持续状态；三是灌区工程系统庞大，有大量的骨干渠道输水损失较大，虽然从1998年以来国家投入了一定的资金进行续建配套与节水改造，但因资金有限短时间内无法满足灌区发展要求。

水资源优化配置工程不完善，对流域经济社会发展及供水安全影响很大，也是山区控制性工程必须完成的任务之一。

3.3 电力工业发展滞后，制约国民经济发展

石河子市及沙玛两县既是自治区和兵团重要的的粮、棉生产基地，也是农产品加工、轻纺和化工工业区，人口密集，发展迅速。产业结构优化和垦区健康发展对电力供应能力和供电质量的要求日益提高。单从农八师石河子市来看，石河子电网服务的农八师垦区人均国内生产总值为全疆平均值的1.2倍，经济社会发展较快，但电力供应存在两方面问题：一是电源建设滞后，供电能力不足。石河子经济技术开发区国内生产总值年均增长43%，在建及扩建项目多、招商引资力度大，工业发展势头强劲，对电力的需求增长很快。另外，灌区已发展大面积加压滴灌以及抗旱应急机电井，在灌溉高峰期农用电负荷也在稳步上升，预计2020年系统的最大负荷将达到1 300MW，需电量将达到69亿kW·h，峰谷差将达到420MW，电力供求缺口很大；二是系统内调峰容量缺乏，电网运行不够稳定，供电质量不高。网内电源以火电为主，且多为自备电厂和热电联产类型，调峰能力差；水电站均为没有调节能力的径流式电站，无法承担调峰任务。系统稳定常常依靠大电网供电维持，保证率和运行效益都不高。

因此，利用山区控制性工程开发水能资源，既可以增加电力供应能力又可以利用水电站开启灵活的特点进行电网调峰，对改善电源结构提高电网运行稳定性非常有利，这也是山区控制性工程可以完成的任务之一。

3.4　流域生态环境安全问题突出

2010 年前后，国家对西北地区可持续发展进行了深入研究，特别是对塔里木河、石羊河和黑河等内陆河流域出现的生态环境问题进行了系统分析，提出的问题清单包括河道断流、湖泊萎缩和消亡；土地盐渍化面积增加；荒漠化土地扩大；水循环条件改变；水质恶化；水土流失和天然绿洲及草场退化等。这些问题在内陆河流域广泛存在，但要彻底解决是不现实的，因为在任何流域都必须首先保障人类的生存与发展，构建人与自然和谐共生格局才是根本目的，比如要发展人工绿洲拓展人类生存空间，就一定会引用河水，那么改变河流水循环过程就不可避免，但如果这种改变并不导致流域内生态环境的恶化，并能促进经济社会发展，这种改变就应该是和谐的。

一条河流的开发治理规划，应该针对当地资源环境条件，具体问题具体分析。玛纳斯河流域的自然生态系统随着人工绿洲发展不断演变，已成为内陆干旱区开发的典范，流域生态总体良好。但降水稀少、生态环境敏感和脆弱的基本特征客观存在，从可持续发展角度来看，存在以下具体问题。

（1）流域防洪减灾能力不足，达不到人与自然和谐相处的要求

从 20 世纪 90 年代起，玛河进入丰水期，洪水频繁发生。而同时本区域又处于高速发展阶段，城市人口不断增加，工业发展较快，流域内基础设施规模越来越大，对防洪减灾的要求也越来越迫切。尽快提高以石河子市为核心的全流域的防洪安全，是当前面临的首要问题。

（2）绿洲生态系统还需要进一步完善

玛纳斯河上已建成两座拦河引水枢纽和五座大、中型平原水库以及配套的灌溉渠系，总灌溉面积达 316.3 万亩，水资源开发利用程度较高，但上游灌区的季节性缺水长期未能解决，严重制约流域的水资源优化配置，影响绿洲生态环境的改善，甚至产生局部地下水超采等问题；同时大面积的高新节水灌溉系统也急需提高供水保证率，使其充分发挥效益。兴建山区水库，作为一个水资源优化配置工程，按照经济用水总量不增加的原则，控制国民经济发展指标，确定工程设计调度原则并严格管理，在确保河流下游天然生态用水要求基础上，提高社会经济用水保证率，治理地下水超采，对流域绿洲生态系统完善具有重要意义。

（3）水能资源开发程度低，不符合绿色发展要求

水能资源是清洁可再生能源，在玛纳斯河山区河段的蕴藏量达 590MW，流域规划中布置了 10 座梯级电站，目前建成五座，装机为 115MW，开发利用率不足 20%。在地区工业和灌区加压滴灌电力负荷快速增长情况下，加快开发很有必要。

（4）中水回用急需加强

随着城市及工业的发展，生活和工业污水排放量逐年增加，水环境污染治理和中水回用已成为当务之急。

（5）绿洲农业生态环境保护与治理任重而道远

灌区局部地区的土壤次生盐渍化和土地沙化问题依然存在；大面积实施棉花膜下滴灌造成的农用塑膜白色污染日益增多；长期使用农药和化肥造成的土壤面源污染也客观存在，这些问题是长期发展过程中的负面因素积累的结果，有效解决方案也需要多部门共同协作和探索。

第4章 枢纽工程规划思想及重大问题研究

世纪之交，全球性环境问题频发，迫使人们共同思考可持续发展方式和人与自然和谐共生的实现途径，肯斯瓦特水利枢纽工程的决策过程，充分反映了这个时代特征。在工程决策过程中，开展了对玛纳斯河流域开发历史的回顾与反思，对流域水资源开发利用存在的问题进行了梳理，对流域发展目标重新调整，其核心工作集中在水资源的可持续利用和发展方式的转变方面。面对人口、资源和环境压力比较大的准噶尔盆地干旱区，在水资源利用率（水资源利用量与水资源量的比值）超过100%的玛纳斯河流域兴建一座大型水库，从国家利益和地区发展角度是否必要，会不会造成重大环境问题，能不能经受住时间的考验，都需要科学合理地分析。工程规划秉承"确有需要，生态安全，可以持续"的原则，集中研究分析了流域防洪安全、生态安全、水资源配置工程优化、水资源管理与调度方式优化和清洁可再生能源利用优化等方面的重大问题，使新建的控制性工程既能够解决老问题但不产生新问题，真正造福于子孙后代。

4.1 防洪安全问题研究

4.1.1 防洪减灾能力分析

玛纳斯河是一条洪水灾害频发的河流，洪水主要集中于6—8月的主汛期，洪水类型有高温融雪型、暴雨汇流型和暴雨融雪混合型三类。春洪及一般规模的洪水以冰川及永久性积雪融化为主，相对平缓；夏季暴雨型洪水表现为峰高但量不大，对堤防和拦河渠首威胁较大；暴雨融雪型洪水则表现为峰高量大、持续时间长，极具破坏性，1999年大洪水就是此类洪水的典型代表，需要重点防范。

玛河防洪工程比较单一，上游山区河段没有控制性工程，对洪水没有调蓄能力。中游的夹河子水库是玛河上唯一具有调洪能力的水库，水库总库容1.0亿 m^3，调洪库容0.48亿 m^3。因位置偏下游，对石河子市等中上游保护对象没有贡献，且调节能力小，对下游保护达不到规范标准。

堤防工程主要布置在中、下游河段。从玛河红山嘴渠首至夹河子水库，玛纳斯河西岸现有不连续防洪堤和护岸工程13.53km，混凝土丁坝98条；玛河东岸现有堤防工程有八九处，累计总长约20.6km。堤防没有连成整体，而且建设标准较低，防冲能力较差，目前只能抵御5~10年一遇的洪水。从夹河子水库直到克拉玛依市小拐乡下游河段，无永久性防洪工程，只修建了一些临时性防洪土堤和梢木护坡。

而需要防洪保护的主要对象有西岸的石河子市及国家经济技术开发区、北工业园区和农田及村庄，还有下游与玛河相伴的呼克公路、输油管道及输变电线路等重要工程设施，防洪要求与现状堤防能力极不相称。其中石河子市现有人口30多万人，且有临河大型工业园区，防洪标准要求达到50年一遇；夹河子以下河道两岸农田及村庄，防洪标准重现期为10年，防洪安全形势堪忧。

经过调查和分析计算，红山嘴引水枢纽至夹河子水库河段，长约30km，河道纵坡1/130~

1/112，河槽宽浅，主流摇摆不定，流速大，河床冲淤变化剧烈，遇洪水容易泛滥成灾，其河道安全过流能力为 350～400m³/s；夹河子水库至石莫公路跨玛河大桥河段，河道安全泄量 150m³/s；石莫公路跨玛河大桥至柳毛湾乡皇渠村河段，河道安全泄量 80m³/s；柳毛湾乡皇渠村以下河段河道安全泄量 50m³/s。

综上所述，玛纳斯河流域防洪能力达不到应有的标准，是流域必须解决的首要问题。

4.1.2　防洪安全能力提升方案

系统性解决玛纳斯河流域防洪问题，可以有两个做法，一是加高、加固、延长现有防洪堤，使其达到需要的设防标准，在中下游全面设防，保证城市及垦区安全；二是修建山区水库消减洪峰，下游仅对局部堤防加固完善。两个做法相比较，全面建设堤防投资巨大，当地难以负担，每年防洪劳民费力，运行费用也不少。修建山区水库，则可防汛抗旱并举，将流域防洪安全问题和南部灌区春季用水不安全问题一并解决，是一个长远之策。

山区水库建成之后，通过水库滞洪、削峰进行洪水调节，将使流域防洪安全得到保障。防洪调度方案要点是在汛期洪峰到来之前，控制水库水位不高于汛限水位 984m，低于正常蓄水位 6m，预留防洪库容迎汛。针对每次洪水过程，实行严格的分段研判调度策略，当入库洪峰流量小于下游安全泄量 500m³/s 时，利用泄洪建筑物控制，来多少泄多少，维持水库汛限水位 984m 不变；随着入库洪水流量继续增大到大于下游安全泄量 500m³/s，但水库水位低于防洪高水位 992.66m 时，利用泄洪建筑物控制下泄流量不超过下游安全泄量 500m³/s，实行削峰运行，完成防洪任务；随着入库洪水流量的继续增大，且水库水位超过防洪高水位 992.66m 时，根据泄洪建筑物下泄能力判断泄洪策略，尽量维持防洪高水位；如入库洪水流量继续增加，根据泄洪建筑物的泄流能力自由下泄，保证大坝安全；进入洪水消退时段，库水位逐渐下降至汛限水位后，如入库洪水流量小于泄洪建筑物泄流能力，则控制泄量，维持汛限水位不变。水库调洪作用见图 5。

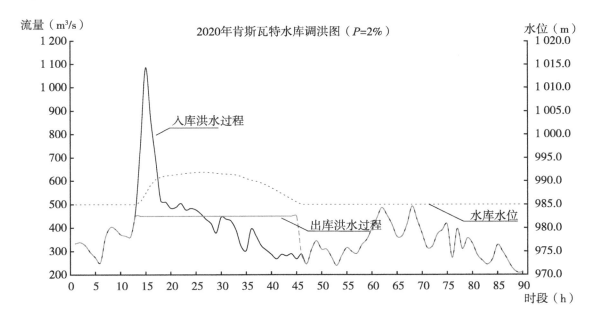

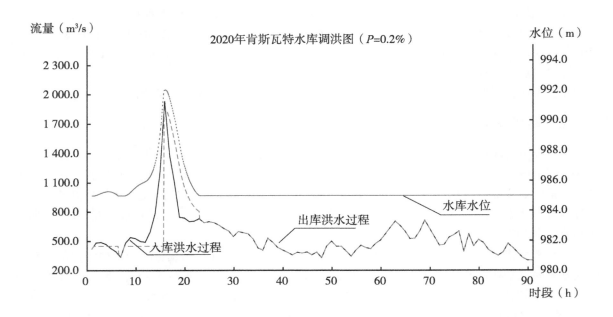

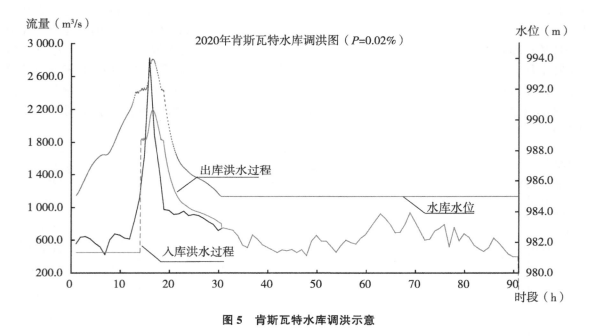

图 5　肯斯瓦特水库调洪示意

肯斯瓦特水利枢纽总库容 1.88 亿 m³，调洪库容 3 846 万 m³，通过水库滞洪、削峰调节，可以把 50 年一遇洪峰流量由 1 249m³/s 削减到 500m³/s，与下游堤防工程结合，可使下游红山嘴水利枢纽至夹河子水库河道两岸防洪标准提高到 50 年一遇；可以把夹河子水库的设计防洪能力由 100 年一遇提高到 200 年一遇以上；可以把夹河子水库以下河段的防洪能力由现状的 5 年一遇提高到 30 年一遇以上，可以比较彻底地解决流域防洪安全问题。

4.2　流域生态保护问题研究

新疆玛纳斯河流域是屯垦戍边开发最早的地区，现已形成 316.3 万亩的灌区和石河子市等新兴城镇，人口密集、绿洲经济发达，其开发建设模式在新疆中小河流域具有典型代表性。随着灌溉规模的发展，流域的生态环境也发生了相应的变化，主要表现为人工绿洲拓展了人类生存空间，下游河道减水和尾闾湖泊萎缩干涸引起了自然生态的变化。1999 年流域特大洪灾之后，兴建肯斯瓦特水利枢纽工程解决防洪安全问题，成为流域面临的新课题。工程论证过程中以防洪减灾和水资源优化配置为工程主要任务，以遏制河湖生态进一步退化为基本原则，按照尊重河流水文特征控制生态基流、尊重河流生态特点确定敏感保护目标、尊重发展现实控制经济社会用水总量的规划设计思路，对于今后正确处理内陆河开发与保护的关系，规范人类用水行为，确定流域或区域内人与自然和谐共生状态，都具有参考意义。

4.2.1　河流水文地质特征及水势分析

玛纳斯河发源于天山北坡，由南向北流入准噶尔盆地腹地，红山嘴断面以上集水面积 5 156km²，多年平均年径流量 13.16 亿 m³，是盆地南缘最大的一条内陆河河流。径流在山区形成，运移过程中受地质因素影响，地表径流和地下潜流多次转化，局部河段季节性断流，洪水到达尾闾形成湿地，蒸发散失构成自身特有的水循环模式，具有典型的季节性河流特点。

从区域地质背景来看，天山山脉为近东西向展布的断层褶皱山系，玛纳斯河在其北坡发育，穿越一系列东西走向的特定地质单元，形成从山地到平原不同河段独特的河流水文特征。从肯斯瓦特水库坝址下游 3km 处直至河源的上游河段，河道均为基岩河床，地表径流处于累积增长状态，全年不断流，现状处于原始状态。坝址下游 3km 处至红山嘴河段，穿越东西展布的巨型向斜构造带，带内沉积巨厚的第四纪砾岩及砂卵石，具强透水性，小流量进入此河段不久即大部渗失，冬季常见河床断流现象。红山嘴断面有垂直河道东西向展布的背斜构造，河底出露地层为第三纪泥岩，不透水，受其顶托，不仅河床自身潜流溢出，而且有左右两侧山间洼地地下水以高位泉方式溢出并汇入玛纳斯河，此河段 5km 范围内常年有水，冬季流量基本稳定在 4～5m³/s。红山嘴之后河流进入冲洪积扇，因存在山前断裂，基岩面急剧下降，河床砂卵石巨厚，河水再次大量入渗，冬季断流也是常态。在下游扇缘地带河床质变细，渗透能力降低，再次以平原泉水方式出溢，泉水溢出带东西展布，平原水库多修建在此条带下游侧，在灌区地下水没有大规模开发利用的 20 世纪五六十年代，泉水沟均以玛纳斯河河道为归宿。季节性断流是本河流最明显的本底特点，在天山北坡绿洲带具有典型代表性。

从河流水资源开发工程布局和水利水电工程对河流水势的影响来看，人工干预的影响客观存在，但在不同河段对河流自然本底的影响有所不同。从上游向下游逐段梳理可见如下。

第一，拟建的肯斯瓦特水利枢纽工程坝址以上河段为基岩河床，也是径流的主要形成区，集水面积占山区集水总面积的 90% 以上，山区水库建设将回水 13km，并形成大水面，不新增减水和脱水河段，河流水势影响甚微。

第二，从坝址至一级电站引水枢纽河段，长度 3km 左右，属于基岩河床，自然状态下冬季不断流，且存在河谷林，因此工程建成运行对水势的影响表现为减少了汛期水量，但增加了非汛期水量，特别是冬季枯水期流量增加较多，90% 保证率情况下，流量由 6m³/s 增加到 12m³/s 左右。年内季节性调节导致的水量重新分配对生态的影响不大，但因为水电站按照调峰运行，调峰机组一日当中只有 4 至 5 个小时放水发电，其余时间会断流，所以从河流连续性考虑，应该装设小机组，24h 连续运行，以满足泄放生态基流要求。

第三，玛纳斯河一级水电站引水枢纽在坝址下游 3km 处，建于 2005 年。从此枢纽至二级电站引水枢纽河段长约 12km，属于第四纪砂砾石河床，自然状态下冬季 12 月及翌年 1 月、2 月期间地表径流很快渗失，很少能够到达二级电站引水枢纽，断流是常态；夏季 6 月、7 月、8 月三个月天然来水比较集中，约占年径流的65%以上，流量大于60m³/s的时段比较长，有大量洪水走自然河床；每年4月、5月电站引水系统检修渠道，河水也通过河道下泄。因此，本电站运行对水势的影响表现为增加了多水期减水河段长度和少水期断流河道长度及断流时间，未改变枯水期断流的自然特性。汛期按照多年平均流量的30%衡量，完全可以满足现行标准；但枯水期按照多年平均流量10%泄放生态基流，下游河段仍会断流。

第四，二级电站引水枢纽建于1976年，闸基为巨厚的砂卵石河床，在一级电站枢纽建成前，冬季枯水期经常无水可引，现状主要在一级电站事故和检修时段运行。其下游至红山嘴渠首河段长约15km，逐渐由第四纪砂砾石河床过渡到泥岩出露河床，上段河道自然状态下冬季完全断流，夏季洪水可以到达红山嘴渠首；下段河道全年有泉水溢出，河谷林生长良好。引水运行的生态基流控制原则与一级渠首相同。

第五，红山嘴渠首至夹河子水库河段长约30km，为河流冲积扇上的砂砾石河床，无河谷林分布，河道在自然状态下冬季仅有少量泉水通过渠首断面，很快就渗失于河床，断流是常态。渠首多年平均引水率在65%左右，其余洪水从河床通过，大量入渗补充地下水，是流域地下水主要补给区，对维持当地地下水位意义重大。

第六，夹河子水库以下至小拐河段长约150km，为下游河道，河床质颗粒逐渐变细，沿程有地下水回归及少量泉水汇入，河床两岸植被发育。天然状态下，冬季基本断流，夏季洪水漫溢散失，大洪水年份才能到达尾闾湖泊。在夹河子水库修建后，汛期断流也时常发生。

2006年项目立项审批时，水利和环保专家要求"工程兴建后，调度运行管理是保证玛纳斯河夹河子水库断面下泄河道的生态水量不低于现状水平，维持下游生态不能继续恶化"。因此，夹河子水库断面历年下泄河道的水量统计分析，成为大家共同关心的问题。石河子玛管处设有夹河子水库管理站，1970年以来，一直对泄入河道水量有观测记录。其中1992年之前的23年当中，只有1987和1988两年有下泄水量，分别是4 528万和6 858万m³；1998年之后，大河来水进入连续丰水期，夹河子水库下泄河道水量有所增加。特别是1999年特大洪水，当年下泄水量达到6.39亿m³。按照1970年至2006年实际运行数据统计，多年平均年下泄水量约为6 208万m³，详见表4-1。因此，工程环保审批文件明确要求，水库运行将以此数据为刚性约束，在平水年夹河子水库断面供给下游的生态水量不得少于6 556万m³，并须设置监控设施监督运行管理情况，体现了遏制自然生态恶化的思想。此项控制指标虽为权宜之举，实际管控十多年后已经取得实效，直到2020年玛依湖水面依然能维持一定规模就是证明。

按照河流生态健康一般原则来看，河道断流是河流不健康的表现，但西部地区的内陆河河流多为季节性河流，并不完全适用此原则。玛纳斯河径流年内分配丰枯悬殊，肯斯瓦特站曾实测到夏季洪峰流量1 095m³/s，冬季最小流量仅为5.98m³/s，这个流量不可能流到尾闾，冬季断流几乎年年发生。同时，河流沿线地质情况复杂，也存在常年不断流的河段，如红山嘴断面上游3km河段。1949年后屯垦事业高速发展，特别是大泉沟和夹河子等平原水库建成后，夹河子水库以下河道每遇枯水年即全年断流。目前，玛纳斯河的生态系统已演化成新的状态，从流域经济社会发展和沿岸生态状况看，自然生态有退化演变但并没有产生严重生态问题，也没有恢复原貌的可能性和必要性。故本河流季节性断流的自然特性和开发建设工程干预后的河流现状，是开展本河流生态基流分析与控制的客观基础，既要考虑其水文本底特点，又要兼顾经济社会发展，必须分河段区别对待。

表 4-1　玛纳斯河夹河子水库断面历年下泄河道水量统计表 *　　　　　　　　　　亿 m³

年份	下泄河道水量	年份	下泄河道水量
1970—1986	0.00	1999	6.39
1987	0.45	2000	1.78
1988	0.69	2001	1.34
1989—1993	0.00	2002	5.30
1994	0.35	2003	0.76
1995	0.00	2004	0.70
1996	1.61	2005	1.64
1997	0.00	2006	0.11
1998	1.85	多年均值	0.62

*数据来自石河子市玛河流域管理处。

4.2.2　生态水量控制分析

根据玛纳斯河不同河段的河谷生态状况和水文特征,考虑已建工程影响,分别进行生态水量控制,是符合本河流客观实际的。其中,肯斯瓦特水库坝址断面多年平均流量为 38.7m³/s,下游有 3km 左右的常年不断流河道,山区水库修建后泄放生态基流是必要的。控制标准按照枯水期不少于年均流量的 10%,丰水期不少于 20% 控制,流量分别是 3.87m³/s 和 7.74m³/s,为了保证小流量连续泄放,水库电站特设一台生态机组常年运行,并进行在线监控。以此作为水库规模论证和径流调节计算的边界条件和将来的运行控制条件是适宜的。

夹河子水库断面以下的生态水量控制,与流域下游河湖自然生态状况密切相关,如果退化严重则应考虑生态修复,如果下游生态变化处于可接受状态且比较稳定,则应以现状经济用水总量不增加作为控制条件,保证平水年和丰水年汛期不断流,以遏制下游生态进一步恶化。根据有关研究成果,玛纳斯河流域灌区耕地景观持续向好;在河流两岸、沙漠与人工绿洲之间依靠天然降雨生存的沙生植被覆盖度没有明显退化,依靠封育禁牧禁樵保护的白梭梭等生长良好;玛纳斯湖湿地植被覆盖度在 20 世纪 60 年代后出现一些变化,湖区上游的一些原来的低覆盖度区转化为人工绿洲高覆盖度区,形成此消彼长的生态环境效应;但湖区植被枯死、湖盆裸露成为风沙源客观存在,而且研究发现湖水的暂时充盈并未引起周边植被明显恢复。因此判断流域下游(湖区除外)的生态状况近 50 年来基本稳定,所以维持现状是可以保证下游生态安全的。根据 1970—2006 年夹河子水库运行管理资料,统计该断面历年实际泄水情况,得到 37 年间间断性泄水系列,有些年份为"零排放",而 1999 年一年下泄水量就达到 6.39 亿 m³,使玛纳斯湖再现于沙漠边缘。经统计计算,泄水量的多年均值为 6 208 万 m³,虽然仅占红山嘴断面径流量的 5%,仍然具有极大的生态价值。因此,水利和环保专家从现实可能性和遏制自然生态恶化必要性考虑,提出流域水资源管理及全流域工程调度运行应在流域机构监管下,实施在线监测,以不少于现状下泄水量作为刚性约束,防止山区水库建成后降低下游生态水量,通过依法依规管理解决生态保护问题。虽然是权宜之计,但也为下游生态保护建立了一个新的红线保障,从最近十几年管控情况看,湖区至今仍然维持一定的水面,约束效果良好。

4.2.3　河流生态特点分析

玛河流域地处欧亚大陆腹地,气候具有典型的大陆干旱性气候特征;玛河为内陆河,河水及携带物归宿于流域内的低洼地，呈封闭状态；流域地势南高北低，从海拔5 000m以上的山地到海拔256m的盆地，气候的垂直变化形成了不同的降水、蒸发、植被分布带；生态平衡方面表现为植物种类少，覆盖度低，破坏后不易恢复，风多沙多又靠近沙漠边缘，土地易沙化，气候干旱蒸发强烈，盐份排泄条件差，易于产生土壤盐渍化；人类活动主要集中于绿洲，面积十分有限。总体生态环境特点可以归纳为内陆封闭干旱；垂直高差显著；生态平衡脆弱；适合人类生存的空间有限。玛纳斯河山区形成的径流是沿河生态的重要保障；从南部山区到北部沙漠腹地的尾闾湖泊，河道及其两岸呈现出截然不同的自然环境特点，也决定了不同的生态保护需求。

（1）拟建水库库区及上游生态特点

水库坝址以上为中高山峡谷区，河谷呈"V"形，两岸陡立，河床基岩出露，河道内少有植被生长，两岸岩壁植被稀少。坝址区右岸为高阶地平台，有细土质覆盖，现已开垦为农田，种有小麦、玉米、马铃薯、葵花等作物，长势良好。农田周边生有碱蓬、狗尾草、木蓼、扁蓄等草本植物。农田与河岸的狭窄地带生长有锦鸡儿、蔷薇和稀疏榆树等。枢纽区周边野生植被面积小，线状分布，为山区草场。中高山区是水源涵养重点区域，已经实现森林保护、草原管控、矿产资源开发管控等综合措施，水土流失趋缓，生态环境总体向好。

山区河段生长珍贵的高山冷水保护鱼种——新疆裸重唇鱼，经水产专家研究，主要洄游区域是红山嘴以上河段，其中红山嘴以上3km左右河段，受玛纳斯背斜泥岩顶托，河床泉水长年出溢，且有高位泉分布，水温较稳定，河谷林发育，具备鱼类产卵条件，但准确的产卵区尚在研究之中。肯斯瓦特水利枢纽工程将阻断其洄游通道，在坝址通过鱼类增殖站实施人工辅助繁育是非常必要的。

（2）玛纳斯河灌区人工绿洲生态特点

玛纳斯河红山嘴渠首以下，已形成灌溉面积达316.30万亩的人工绿洲，其中播种面积约占88%；人工林地约占12%。绿洲内分布零星灌木林，灌木郁闭度为0.4左右。灌区内有大小水库15座，加上大小坑塘，水面面积约73km²，多分布于灌区中上部，对于改善灌区小气候有一定的作用。人工绿洲区野生动物以鸟类和啮齿类为主，组成简单且数量不多。人工绿洲区生态保护重点是控制经济用水量，一方面做好基本农田保护、建设现代化灌区、提高农业用水效率，全面提高绿洲农业生态环境质量；另一方面通过优化产业结构和水资源配置，提高用水效益，促进经济发展。

（3）玛纳斯河灌区人工绿洲边缘生态特点

玛河灌区北接古尔班通古特沙漠，与沙漠毗邻的行政单位有农八师、沙湾县、玛纳斯县和克拉玛依市，灌区与沙漠之间均有一定宽度的天然植被带，以白梭梭、红柳等荒漠植被为主，过去曾被砍伐，引起风沙侵袭和灌区土地沙化，20世纪90年代以来进行了大范围封育保护，植被恢复较好，是人工绿洲的天然防风固沙屏障。本区域生态环境保护以封育为主，划定生态保护红线，严格控制土地开发和地下水开采，确保绿洲安全。

（4）下游河道沿线生态特点

从夹河子水库至小拐乡河曲发育，两岸分布有红柳、梭梭等灌木林和胡杨疏林及苇塘等，自然植被在河滩和岸边均有生长，总覆盖度在10%~30%，成为沙漠与绿洲之间的天然屏障。在沼泽地和芦苇塘，有少量的水鸟和鱼类生活，水鸟以大白鹭最多，其次是绿头鸭、有灰雁、赤麻鸭、鸬鹚、鱼鸥等；在沙漠区及过渡带生长的兽类有国家二级保护动物鹅喉羚和野猪、草兔、大耳猬等，总体来看，河道及两岸的天然生态状况良好。河道两岸一定范围以外广布农田和村庄，是主要绿洲所在地。本区域生态保护重点是保持河流连续性，维持河道生态水量不减少。

（5）玛纳斯湖湖区生态特点

从历史资料看，玛纳斯湖的老湖区在1970年航片上就已干涸，形成15.8亿t的大型盐矿。

1999 年洪水过后，在小拐以下形成了新的湖面，至今仍维持一定规模，因位置距老湖区较远，当地称其为玛依湖。湖区水面约 60km²，水深很小，水面随每年入湖水量有所变化，水生植物生长良好，呈现尾闾湖新景观。

4.2.4　河流生态敏感保护目标分析

（1）珍稀鱼类保护

玛纳斯河上游河段生长珍贵的高山冷水保护鱼种——新疆裸重唇鱼，是自治区 I 类保护物种。经水产专家研究，其洄游繁衍为红山嘴泉水溢出河段直至上游山区，虽然准确的产卵区尚在研究之中，但因肯斯瓦特水利枢纽工程大坝将阻断其洄游通道，在坝址通过鱼类增殖站实施人工辅助繁育是非常必要的。这也是肯斯瓦特工程建设及全流域生态保护必须关注的生态敏感目标。

（2）尾闾湖泊特点与生态保护分析

按照内陆河生态完整性角度看，尾闾湖干涸是河流不健康的表现，但玛纳斯河有其特殊性。自 20 世纪 90 年代至今，有很多专家学者对玛纳斯湖的演变历史、干涸的原因、生态特征开展了持续深入的研究，研究空间范围扩展到整个盆地四周，研究时间跨度上溯到 300 年前的乾隆时期，这些研究成果对流域治理面临的生态问题思考具有启发作用，简要归纳为以下几个方面。

第一，研究发现，玛纳斯河不是此湖唯一的源流。历史上除玛纳斯河入湖外，盆地南部的三屯河和呼图壁河、西北部的达尔布迪克河、北部的乌伦古河甚至额尔齐斯河都曾经是古玛纳斯湖（阿雅尔淖尔）的源流，受地壳运动、气候变化和人类活动影响，直到 19 世纪末 20 世纪初，才只剩下了玛纳斯河一条入湖河流。从玛纳斯河本流域来看，西侧临近的金沟河、巴音沟河实际上也是玛纳斯河的支流，只是一般年份没有水量下泄，下游已成为重要的绿洲农业区，但穿过灌区的排洪通道（河道）依然存在，1999 年暴雨融雪型洪水期间，两河均有大量洪水下泄并汇入玛纳斯河。所以说，玛纳斯湖区是准噶尔盆地最低洼的地方，也曾是诸多河流的归宿地，如果将玛纳斯湖作为流域生态敏感目标并提出恢复玛纳斯湖的任务，涉及的研究范围几乎涵盖盆地周边所有河流及其绿洲经济区，不可不慎重。

第二，研究发现，玛纳斯湖随气候变化曾经历过多次的充盈干涸变化过程。通过研究湖底沉积物和湖岸生物残留遗迹发现，湖盆内部广布盐矿，说明湖水矿化度很高，湖底没有发现鱼类生长迹象，水生植物甚至枯死的残留根系也很少。从有迹可见的湖岸残留看，即使在农耕规模不大的时期，只要气候变化导致入湖水量变化，湖泊就相应随之变化，天然来水过程主导了湖泊水面大小。1999 年是最新一次充水，当年玛纳斯河出现 50 年一遇洪水，年径流量达到 18.8 亿 m³，是均值的 1.5 倍，上游用水没有减少，但湖水面依然恢复到 60km² 以上。所以仅靠人工干预维持某个规模稳定水面的想法，不符合自然规律。

第三，研究发现，玛纳斯湖是古玛纳斯湖萎缩后形成的若干个小湖泊之一。历史地理研究发现，古玛纳斯湖面积很大，随着气候变化逐渐萎缩成若干个小的湖泊，同时又受地壳运动和河流冲淤变化影响，入湖河水在不同历史时期注入不同的区域，表现为核心位置多次变迁的特点。1915 年玛河改道向东进入的湖区位置有详细记载，也就是现代地图上显示的玛纳斯湖。1999 年洪水形成的水面主要在小拐以下河段，此区域实际上也是古玛纳斯湖的组成部分。所以，准噶尔盆地底部区域广布的风沙源，是非常久远的历史过程形成的，成因非常复杂，如果像台特马湖一样作为生态保护目标，确定湖区位置和保护边界都很困难。

第四，研究证明，水土开发直接影响湖泊状态，但流域生态环境总体向好。研究人员查到了 1863 年清代北疆昌吉至玛纳斯县一带耕地面积达到 95 万亩时的湖面范围数据，发现湖面已大幅度萎缩；玛纳斯河流域水利志记载的建国初期的湖面面积约 500 多 km²。此后流域屯垦快速发展，上游陆续新建了大量水利工程特别是平原水库，逐渐形成石河子等人口聚集区和诸多工矿企业，以人工绿洲为主的新生态环境格局逐渐形成，1962 年前后，玛纳斯湖再次干涸。

本次干涸得到了人们持续的关注，关于玛纳斯湖的生态研究也一直在持续。在玛纳斯湖周边，离开湖区一定距离，盐生及沙生植物均生长良好，这些植被显然是依靠 120mm 左右的天然降水生存的，与湖水关系不明显。整个古尔班通古特沙漠植被生长情况和生存条件的研究表明，植被覆盖度在 40%～50%，固定和半固定沙丘和沙陇占 95%，以梭梭、白索索为主的植物群落主要依靠天然降水生存。绿洲与沙漠之间过渡带的梭梭林、河道两岸和绿洲边缘以红柳为主的野生植被只要采取封育措施防止放牧樵采，就能维持良好状态。近年来借助卫星遥感影像资料的对比分析成果表明，流域内人工绿洲成长与天然植被退化都存在，但流域植被覆盖度总体增加，是人与自然和谐共生状态。

尾闾湖泊作为湿地的生态学意义不容置疑，但因对流域大的时间尺度下气候变化规律认识有限，面对已形成的流域经济社会发展局面，人们对恢复玛纳斯湖均持极其审慎的态度，虽然限制人类用水行为已成为共识，但在近期作为生态保护敏感目标尚不具备条件。

4.2.5　枢纽工程应遵循的生态保护原则

玛纳斯河流域极度干旱，生态环境脆弱，在此背景下兴建山区大型水库，必须从全流域尺度考虑问题。通过河流水文特征、生态特征分析及流域生态演变回顾，结合流域经济社会可持续发展要求，对玛纳斯河流域用水建立明确的管控指标是非常必要的。近期应该遵循的生态保护原则是：第一要保证新疆裸重唇鱼这一珍稀水生生物物种延续；第二要维持河谷林及近岸植被不退化，保证汛期河流连续性、枯水期关键河段不断流；第三要保证下游河道多年平均输水量不减少，保持下游河湖生态现状并尽量维持 1999 年形成的"玛依湖"寿命。为此，山区水库规划设计和运行管理必须满足以下条件：

——肯斯瓦特水利枢纽工程建设必须在坝后同步新建鱼类人工增殖站，在工程运行寿命周期内，持续实施人工繁育工作，对土著珍稀鱼类进行种群保护，每年放流数量不少于 50 万尾。

——肯斯瓦特水库电站运营期间 1 台 10MW 的小机组 24h 不间断运行，下泄生态基流不小于 3.87m³/s，并安装生态流量在线自动监测系统，进行实时监控，保证生态基流泄放。

——保证夹河子水库断面多年平均下泄河道水量不低于 6 556 万 m³，维持 1970—2006 年的水平，并在库后设置生态水量监测断面，由流域管理机构监督落实，保证下游河道和尾闾湖泊生态不退化。灌区用水管理必须做到灌溉面积不增加、地表水不增引、地下水严格管控和中水利用逐步加强，通过产业结构调整和继续推广高新技术节水实现可持续发展。

4.2.6　流域生态保护问题研究结论

在流域生态安全前提下论证、建设和管理玛纳斯河山区水库工程，符合人与自然和谐共生的发展理念，规划设计思路是完全正确的；确定的生态基流控制措施和生态水量控制指标，符合河流的自然本底特点，切实可行；河流生态敏感保护目标以珍稀鱼类保护为主，尾闾湖泊近期以维持现状为主，在将来深入研究后再施策，符合人水和谐理念；肯斯瓦特水利枢纽工程已建成运行，规划设计确定的生态保护原则和措施都得到了很好的落实，"玛依湖"已成旅游热点，山区水库兴利除害作用显著，决策效果良好。

4.3　流域水资源优化配置问题研究

在玛纳斯河流新建山区控制性工程，首先要研究清楚流域水资源配置存在的问题，坚持问题导向，才能确定工程建设的必要性、主要任务目标和如何实现这些目标，关键性问题的认识对工程决策至关重要。

（1）水资源开发利用率问题

流域的水资源开发利用率高到一定程度，就会对自然生态产生影响，特别是西北内陆河流域更加敏感。比如一条河流在某个断面处的年地表水引用总量与年径流量的比值，自然主义者认为所有水资源均属于河流自身，任何开发都对生态有影响，甚至主张拆除大坝；近年来，多数生态学家勉强能够接受 40% 的引水率；对于国际河流，下游国家只能接受 50% 的引水率；在我国北方干旱地区，多数水资源专家认为引水率不宜超过 60%。这是在人类社会生产力发展到一定阶段，资源环境出现一系列问题之后的正常反应，毕竟中亚的锡尔河和阿姆河流域水土开发导致了咸海生态危机，中国的黑河流域开发导致了居延海萎缩，新疆的塔里木河流域开发导致了下游绿色走廊退化形成塔克拉玛干沙漠与库鲁克塔格沙漠合并趋势，等等，因此资源环境的巨大压力下，如何规范人类用水行为是一个关乎可持续发展和子孙后代的大课题。有两个关键性的问题必须研究清楚，一是流域水循环模式问题，即流域水资源形成、运移、转化及消散形态，要分河段、分区域研究；二是流域生态环境可持续前提下流域内能够持续利用的水资源量问题，也就是流域水资源合理利用率问题，要兼顾人类社会进步和自然环境合理演化，权衡利弊统筹分析。

根据多年统计资料，玛纳斯河流域地表径流量和地下水天然补给量之和构成的一般意义上的水资源总量为 13.81 亿 m³，这是本区大气降水形成的自然特征值。灌区多年平均利用的水资源量在 15 亿 m³ 左右，按照一般理解和简单计算，水资源利用率已经超过 100%，应该是不可能持续的，那么，在此流域新建水资源利用工程的必要性就会令人怀疑，这也成为肯斯瓦特水利枢纽论证最先需要回答的问题。这个问题必须从分析流域水循环特征入手，从地表水特征、地下水转化特点、中水利用等多方面综合研判，不能用一个简单概念加以否定。

从地表水开发利用来看，本流域地表水的计量节点在红山嘴渠首，引水闸多年平均引入水量 9 亿 m³ 左右，6 月、7 月、8 三个月沉沙池冲沙水再次回归河道，红山嘴以下河道作为地下水主要补给河段，多年平均输水量 4.5 亿 m³ 左右，对流域地下水补给的影响表现为平原区泉水溢出带水量减小而不是断绝；通过渠系直接引入灌区的水量占年径流量的 65% 左右，与新疆其他山溪性河流相比，地表水引水率相对合理，引水与防沙能够兼顾，渠首可以持续运行，下游河道也没有大量淤积，当然河道采砂用于各项建设也有一定的贡献。

从地下水的开发利用来看，灌区多年来的经验表明，长期的农业灌溉必然会导致灌区地下水位抬升，地下水水位太高会产生土壤次生盐渍化，地下水水位太低会影响农田防护林正常生长和灌区周边自然生态缓冲区退化，不利于维持绿洲生态安全；同时，一定数量的抗旱水源井的存在，对特殊干旱年份的农业生产也具有保障作用。实际上，正是长期坚持竖井排灌结合排碱渠体系建设，才使 20 世纪 50 年代还是泉水溢出带的石河子垦区、低洼地带的莫索湾垦区和下游细土平原区的下野地垦区由沼泽地、荒漠盐碱地逐渐变为良田，并保持稳定状态。因此，在流域内分区开采地下水，合理利用灌溉水的重复与转化补给量，是提高水资源利用率、优化灌区生态环境、防治农田次生盐渍化的必要措施。流域多年来的地下水开采量介于 3.5 亿～5.6 亿 m³，并实行严格计量和管控，因此本流域的水资源利用率高于 100%，与掠夺性开发地表水有本质区别。

从流域目前利用的水资源构成来看，平原区泉水和一部分城市生活污水处理后的中水资源已充分利用，流域节水与环保意识日益增强，水资源开发利用潜力已及其有限。因此，从维持流域下游生态稳定需要来看，流域经济社会用水总量需要严格控制，既灌溉面积不能再扩大；从绿洲区生态良好的现实来看，流域水资源利用尚处于可持续状态，这个结论对控制性工程决策具有决定性影响。

（2）新建流域控制性工程的任务定位问题

从 20 世纪 50 年代开始大规模屯垦建设以来，玛纳斯河流域的水资源调蓄工程的布局，总体是"北强南弱",流域的水资源配置问题,实质上是现有水利工程布局不完善问题。因山区水库建设难度大,多年来灌区主要依靠投资小见效快的平原水库进行调节,形成了由平原水库调节供水的北部灌区和以红山嘴渠首引用天然径流供水的南部灌区两大组成部分,在 316.3 万亩灌溉面积中南北灌区面积比例大约是 1∶2。其中南部灌区是间接调节供水方式,春季和夏初渠首引大河水优先满足南部灌区用水,不足部分依靠开采当地地下水补充,南部灌区长期存在因春季大河来水不足或夏季洪水来迟造成的"卡脖子"旱问题,进而演变出南部灌区地下水超采问题,突出表现为石河子市及周边地下水位连续下降。近年来,灌区大面积推广高效节水技术,田间加压滴灌和农电网改造工程投资巨大,这些固定资产投资能否充分发挥效益,依赖于水源供给是否及时,所以山区水库的主要任务是完善水资源调节工程布局、提高全灌区供水保证率而不是增加地表水供水量,这是本工程建设立项的先决条件。

（3）水资源优化配置的基本思路

本工程论证的基本思路是坚持"节水优先,空间均衡,系统治理,两手发力"的治水思路,以生态可持续为前提控制水资源利用总量,以提高资源利用效益优化水资源在不同行业的分配,以提高各业供水保证率实现全流域安全供水,以维持现状分水比例不变维护社会稳定与和谐发展,以水资源统一管理实现生态用水和经济社会用水管控目标,使工程规划设计思想在工程建设和运行管理过程中得到落实。论证过程中采用了南北灌区分区概化模型进行供需平衡和缺水分析;依托现有工程体系、计量节点和分水原则配置水资源;依据流域调查统计的输水效率系数准确计算各个用户的需水量;采用有、无项目对比的方法分析控制性工程的工作任务和合理规模;按照综合利用原则合理开发和利用水能资源,其论证过程值得借鉴和参考。

4.3.1 流域水资源

4.3.1.1 地表水资源

玛纳斯河地表水资源主要形成于红山嘴以上的山区,径流补给以冰雪融化和降水为主,平原区产流很少。根据红山嘴水文站 1954—2004 年共 51 年径流系列分析,红山嘴断面多年平均年径流量为 13.16 亿 m³,径流特征是年际变化较大,年内分配非常集中。红山嘴断面实测最丰年径流量高达 19.31 亿 m³（2002 年）,最枯年仅为 10.55 亿 m³（1984 年）,最大与最小的比值达 1.83 倍,而且具有连续丰水和连续枯水的特点;夏季 7 月、8 月的径流量占全年的 54.0% 以上,而 4 月、5 月的径流仅占 7.36%,对春季农业灌溉极为不利。详见表 4-2。

表 4-2 红山嘴断面多年平均年径流及逐月分配情况 　　单位：m³/s, 亿 m³

月份	1 月	2 月	3 月	4 月	5 月	6 月	7 月	8 月	9 月	10 月	11 月	12 月	全年
流量 Q	10.07	9.19	9.89	11.86	24.02	75.12	137.7	122.9	47.72	21.75	14.84	11.89	41.7
水量 W	0.27	0.22	0.26	0.31	0.64	1.95	3.69	3.29	1.24	0.58	0.38	0.32	13.16
比例%	2.09	1.72	2.05	2.38	4.98	15.07	28.54	25.47	9.57	4.51	2.98	2.46	100

4.3.1.2 地下水资源

（1）水文地质条件

流域位于北天山中段依连哈比尔尕山北坡,总体地势南高北低,海拔高程 250~5 000m,地表水、地下水总体流向均为由南向北方向,区内水文地质条件受地形地貌、地层岩性和地质构造的影响也具有明显分带性,现分述如下。

中山—高山区：该区冰川融水、融雪和降雨是工程区内地表径流和地下水主要补给源。该区断层构造、风化裂隙和节理等构造发育,为地下水提供良好的贮存和排泄的空间,地下水类型主要为构造裂隙水。

低中山区：区内基岩主要为中新生界陆源碎屑岩类，岩性主要为砂岩、砂砾岩和泥岩夹煤层。新生界第三系泥岩透水性差，遇水易软化崩解，岩石强度低，在构造运动中以蠕变为主，构造裂隙和风化裂隙均不发育，为不透水层，而砂岩、砂砾岩中裂隙较发育，下坝址安集海组地层中，据钻孔揭露有承压水，为钻孔揭穿不透水泥岩后，从深部沿钻孔涌出。地下水主要贮存在强风化和弱风化岩体的裂隙、节理和煤层、火烧层裂隙中，地下水主要沿裂隙以下降泉的形式沿汇入冲沟补给河流。

山间洼地：洼地内主要堆积巨厚的新生界第四系下更新统西域组砾岩，为区内主要含水地层。地下水类型为孔隙潜水，该区降水较小，地下水主要由地表径流垂直渗漏补给，以潜流形式向下游排泄。玛纳斯河河谷也是区域内侵蚀切割最深的河谷沟谷，山间洼地中地下水产生越流域补给，东部塔西河、西部金沟河沿洼地砾岩向玛纳斯河补给，在红山嘴沿玛纳斯河近出山口段河谷两岸沿砾岩有地下水溢出补给河水。

冲洪积倾斜平原：玛纳斯河冲洪积平原区，是石河子、沙湾县、玛纳斯县绿州区，海拔高程从红山嘴处 750m 到玛纳斯湖湖面 250m，逐渐降低。平原区巨厚的第四系松散岩层，为地下水的储存和运移提供了良好的空间，河流地表水资源为地下水的形成提供了充足的补给来源；农业灌溉水部分入渗也是地下水的重要补给源之一。

（2）灌区地下水分布特点

灌区潜水埋深自平原区扇顶处 150m 深，向北逐渐变浅，在 430m 地形等高线附近出现潜水溢出带。由于山前为断层接触，玛河出山口处的红山嘴至四级电站 3.4km 水平距离内，下伏基岩存在一个落差约 130m 的跌水，潜水以地下瀑布的形式补给扇区地下水。灌区乌伊公路以南倾斜平原区，潜水埋深一般大于 50m，乌伊公路向北，到玛纳斯县繁育场、石总场良繁场一线为潜水溢出带，潜水埋深 0~5m，溢出带以北，潜水埋深小于 3.0m，莫索湾、下野地北、潜水埋深多为 5~10m。灌区潜水溢出带以南含水层岩性主要为卵石、卵砾石、砂砾石及粗、中、细砂等；以北主要为亚砂土、亚黏土与粉细砂互层，部分地夹有砂砾石、粗中砂薄层。

（3）地下水的补给与排泄

灌区地下水主要补给源为河流及渠道的渗漏，其次为田间灌溉入渗、平原水库入渗和降水入渗补给等。地下水随地形坡降由南向北运移，径流条件从南向北由强变弱，水力坡度从南向北为 3.3‰~1‰。灌区地下水的排泄主要以泉水溢出、人工开采、潜水蒸发、向平原河道排泄和侧向流出的方式排泄。

（4）地下水资源评价结论

玛纳斯河出山口河床基岩出露，此断面的河道潜流补给地下水极少，未汇入干流的山前坡面及冲沟侧向补给量约为 0.65 亿 m^3/a，是灌区地下水的天然补给量；红山嘴断面以下河道、渠道及田间灌溉水渗入地下的转化补给量约为 5.57 亿 m^3/a，转化补给量较大是新疆灌区地下水资源的特点之一。根据地下水资源均衡分析，基准年地下水可开采量为 4.06 亿 m^3/a（包含平原区溢出的泉水 1.1 亿 m^3/a），其中部分地区有超采现象，开采量需要分区严格控制。

4.3.1.3　水资源总量

根据水资源评价准则，本流域水资源总量为红山嘴地表径流量与地下水天然补给量之和，为 13.81 亿 m^3。流域内的地下水转化补给量虽可利用，但概念不同于天然资源量，需要合理控制使用。

4.3.2　水资源需求侧分析

4.3.2.1　设计水平年和各业保证率

本工程论证的基准年为 2005 年，设计水平年选取为工程建成后 5~10 年，即 2020 年。根据灌溉与排水工程设计规范及微灌工程技术规范的有关规定，在干旱地区以旱作为主的地面灌溉，灌溉设计保证率应取 50% ~ 75%；微灌设计保证率应取 85% ~ 95%。本灌区地面灌溉和滴灌面积各一半左右，故灌溉保证率地面灌取 $P = 75\%$，滴灌取 $P = 95\%$；天然生态供水保证率为 50%；灌区工业、生活的供水保证率根据规范为 $P = 95\%$。

4.3.2.2 与用水有关的社会经济发展指标预测与控制

（1）人口与城镇化预测

通过考察玛河灌区人口变化过程、年龄结构和民族构成，同时依据各单位计划生育委员会的计划和提供的各水平年的人口自然增长率采用回归法来预测，可以预计未来这一地区人口将呈较快增长趋势，人口的城镇化率也将迅速提高。

预计 2005—2020 年，城市人口增长率为 12‰，城镇人口增长率为 9.5‰，农村人口增长率为 7.5‰。2005 年玛河灌区总人口 83.46 万人，预计 2020 年全灌区人口将达到 96.87 万人，其中石河子市达到 38.92 万人。15 年预计累计新增 13.41 万人，平均增长率为 9.98‰。

从目前来看，人口增长的预测偏于乐观，2020 年灌区实际人口仅为 85 万左右；而团场城镇化水平的预测偏于保守，2020 年石河子垦区实际城镇化率已超过 65%，远超出预期水平。但因为总人口增长未达预期值，生活用水总量控制影响不大。

（2）工业化进程预测

未来 20 年是玛河灌区完成工业化任务的重要时期，工业化进程将明显加快。前期发展速度快，主要考虑西部大开发和扩大内需的积极财政政策的实施，玛河灌区有加速发展的趋势，同时投资力度及基础设施建设的加强，也将拉动这一地区相关工业的发展。2005 年玛河灌区工业总产值为 62.88 亿元，主要集中在石河子灌区 46.19 亿元。预计到 2020 年灌区工业总产值将达到 368.88 亿元，年增长率为 11.19%；其中石河子市为 279.70 亿元，年增长率为 12.00%。

从目前看，工业化发展速度及工业用水水平提升的预测均偏于保守，但因为近年来工业用水水平提高较快，预测的工业用水总量未突破。

（3）农业发展指标预控

总灌溉面积控制与分区布局：依据 2001 年水利部水规总院对《玛纳斯河灌区续建配套与节水改造规划》的审查意见和批复，该灌区总灌溉面积核定为 316.30 万亩。其中南部灌区 114.78 万亩，北部灌区 201.52 万亩（表 4-3）。

表 4-3　玛河灌区灌溉面积发展指标*

I 级灌区	II 级灌区	总灌溉面积（万亩）	人均灌溉面积（亩）	
			2005 年	2020 年
南部灌区	石河子灌区	71.15	1.54	1.31
	玛纳斯县灌区	43.63	4.90	4.31
	小计	114.78	2.09	1.78
北部灌区	莫索湾灌区	68.96	7.07	6.22
	西岸大渠灌区	97.84	6.45	5.67
	新湖灌区	34.72	9.87	8.68
	小计	201.52	7.08	6.23
玛河灌区合计		316.30	3.79	3.27

*数据引自《肯斯瓦特水利枢纽工程可研报告》（2009 版）。

到 2020 年，随着农业结构调整和城市化的发展，同时也由于水资源短缺和恢复生态平衡的需要，玛河灌区灌溉面积不增加，灌区人口增长对粮食和农副产品的需求依托现有灌区面积解决。随着产业结构调整，水资源将向更高效益的工业和服务业领域配置，在优先满足工业、城市及人民生活用水的前提下，农业用水在社会总用水量中的比重将会不断下降。农业供水重点在于提高现状灌溉面积的供水保证率，预计将改善灌溉面积 100 多万亩，建成 316.30 万亩的稳产高产农业区。从人均占有耕地数量看，玛河灌区基准年人均灌溉面积为 3.79 亩，2020 年随着灌区人口增加降为 3.27 亩，远高于全国人均 0.64 亩和西北地区人均 1.45 亩的水平。

从目前看，控制灌溉面积不增加的决策是非常必要的，为流域经济结构调整及水资源高效利用奠定了基础。

节水灌溉面积现状及发展：为缓解农业严重缺水局面，在完善和提高常规节水措施的同时，自 1996 年开始试验和推广高效节水的膜下滴灌技术，1997 年仅为 2 万亩，1998 年发展到 13 万亩，2005 年已建成膜下滴灌面积 136 万亩，预计到 2020 年滴灌面积将达到 185 万亩，滴灌面积占总灌溉面积的比例将由 43% 提高到 58% 以上。从目前看，高效节水技术推广的速度远远高于预期，2020 年实际实施滴灌面积比例已达到 70% 以上，预测的农业用水总量控制指标略有富余。

大农业结构分析：到 2020 年，玛河灌区根据可持续发展要求并结合市场对农产品的需求预测，适度提高林果和人工饲草的种植比例，使农业结构向多元化发展，增强抗御自然灾害和市场风险的能力。将大农业结构中的种植业、园林和牧业的比例由 85.01%、12.25% 和 2.74% 调整为 82.76%、13.77% 和 3.47%，以增加高附加值农产品产量，提高农业经济效益。灌区各水平年大农业面积及结构见表 4-4。

表 4-4　玛河灌区各水平年大农业面积及结构*

项目	2005 年		2020 年	
	面积（万亩）	比例（%）	面积（万亩）	比例（%）
一、种植业	268.88	85.01	261.78	82.76
1. 粮食作物	24.93	7.88	30.08	9.51
冬小麦	11.70	3.70	15.77	4.99
玉米	9.40	2.97	11.01	3.48
杂粮	3.83	1.21	3.30	1.04
2. 经济作物	243.94	77.12	231.70	73.25
棉花	212.70	67.25	206.01	65.13
油料	2.68	0.85	1.53	0.48
番茄	9.96	3.15	8.5	2.69
瓜菜	11.75	3.72	12.1	3.82
其他	6.86	2.17	3.56	1.12
二、园林	38.75	12.25	43.55	13.77
林地	33.54	10.60	35.91	11.35
果园	5.21	1.65	7.64	2.42
三、牧草业	8.67	2.74	10.97	3.47
四、灌溉面积合计	316.30	100.00	316.30	100.00

* 数据引自《肯斯瓦特水利枢纽工程可研报告》（2009 版）。

种植业指标预测：基准年种植业总面积为 268.88 万亩，其中粮食作物面积 24.93 万亩，经济作物面积 243.94 万亩。由于灌区人口增加较快，粮食生产压力较大，因此在种植业结构时应充分考虑粮食安全和市场需求，扩大种植优质专用小麦、玉米及小杂粮面积，在保证灌区内粮食自足的前提下，积极发展多种经营，满足灌区内牲畜发展对精饲料的需求，也有利于农作物的轮作倒茬、防止病虫害及土地肥力恢复，到 2020 年灌区粮食面积调整为 30.08 万亩，保证人均粮食面积在 0.30 亩左右。在经济作物种植方面，为满足当地对瓜果、蔬菜、肉、蛋、奶的需求，提高人们生活水平，要大力发展菜篮子工程，因此适当降低棉花种植面积，积极发展苜蓿、绿肥面积并提高玉米、黄豆等作物的复种指数，保证人均占有经济作物面积不低于 2.5 亩。因此，2020 年种植业总规模控制在 261.78 万亩，减少了 6.7 万亩棉花，增加了 5 万亩左右粮食作物，提高了农业抗风险能力。

林业指标预测：基准年玛河灌区林业面积 38.75 万亩，根据农田防风抗灾、防风固沙和三北防护林建设要求，以及灌区发展特色林果业的需要，不断优化农业生态环境质量，到 2020 年灌区林业面积应达到 43.55 万亩。

畜牧业指标预测：基准年玛河灌区牧草面积 8.67 万亩，考虑农作物的轮作和农区畜牧业的发展，需要适当增加牧草的种植面积，以减少人工放牧对绿洲生态缓冲带的破坏，2020 年人工牧草种植面积增加到 10.97 万亩，根据草畜供需平衡分析，要保证 2020 年玛河灌区 408.23 万只牲畜的养殖需要，仍然是精饲料有余，饲草不足的局面，今后牧草种植面积还需要根据市场发展情况进一步调整。

渔业指标预测：玛河灌区渔业的发展主要是依靠当地已建成的 10 座水库的粗放养殖以及 1.2 万亩左右的池塘养殖，考虑到膳食结构的优化和池塘养殖水耗大及水污染问题，养殖规模不再扩大，2020 年仍维持基准年水平。玛河灌区设计水平年各业发展指标详见表 4-5。

表 4-5　玛河灌区设计水平年社会经济发展指标汇总*

Ⅰ级灌区	Ⅱ级灌区	灌溉面积 （万亩）	年末存栏 （万只标准畜）	渔业 （亩）	人口 （万人）	工业总产值 （亿元）
南部灌区	石河子灌区	71.15	66.514	6 440.00	54.38	294.49
	玛纳斯县灌区	43.63	46.825	3 750.00	10.13	52.58
	小计	114.78	113.34	10 190.00	64.51	347.07
北部灌区	莫索湾灌区	68.96	88.498	740.00	11.09	7.58
	西岸大渠灌区	97.84	177.379	500.00	17.26	8.65
	新湖灌区	34.72	29.012	550.00	4.00	5.57
	小计	201.52	294.89	1 790.00	32.35	21.80
玛河灌区合计		316.30	408.23	11 980.00	96.87	368.88

* 数据引自《肯斯瓦特水利枢纽工程可研报告》（2009 版）。

4.3.2.3　社会经济发展需水预测

需水预测所采用的主要方法为指标预测法。其中：工业需水预测采用万元产值取用水量预测方法和趋势法；农业需水预测采用灌溉定额预测方法，且主要考虑中等干旱条件下灌溉需水情况；生活需水分城市生活和城镇生活两类，采用人均日用水定额预测方法。需水量统一折算到二级灌区节点，既南部灌区为红山嘴渠首断面，北部灌区为各水库放水口，折算系数均采用多年计量统计平均值。

（1）生活需水量预测

随着城市化进程的发展和居民生活水平的提高，城乡居民生活用水应逐步提高，为简化分析，生活用水定额中包含了居民生活用水、公共用水及第三产业用水三部分。用水定额控制分类进行，其中城市生活用水定额由基准年的 200 L／人·d 增长到 230L／人·d；城镇生活需水定额由 95L／人·d 增长到 135L／人·d；农村生活需水定额由 70L／人·d 增长到 95L／人·d。经计算，2020 年灌区生活需水量由基准年的 5 299.16 万 m^3 增加到 7 201.91 万 m^3，净增 0.20 亿 m^3（节点水量），体现了保障以人为本原则。

（2）工业需水量预测

流域工业发展在自治区和兵团都占有优先地位，也是产业结构调整和水资源优化配置的重点之一。玛河灌区基准年城市工业和城镇工业的万元产值取用水量分别为 75m^3／万元和 140m^3／万元，到 2020 年应接近国内较先进的水平，分别按照 45m^3／万元和 65m^3／万元控制。预计 2020 年工业总需水量将达到 13 547.87 万 m^3（净水量），其中石河子市将达到 12 586.53 万 m^3（净水量）。

（3）农业需水量预测

农业用水管理在本流域已达到较高水平，有较先进的灌溉制度。根据灌溉总面积 316.3 万亩及其分区、作物种植结构、灌溉方式及灌溉制度计算用水量，根据渠系关系及防渗情况，合理确定水量折算系数，逐级推算至平衡计算节点，得到灌区农业需水过程。

其中，玛河灌区基准年渠系水利用系数为 0.67，到了规划水平年，考虑渠系防渗改造、建筑物配套和精量化管理等措施，渠系水利用系数将达到 0.75。玛河灌区基准年常规地面灌的田间水利用系数为 0.85，潜力不大，到了规划水平年仅能达到 0.86；滴灌的田间水利用系数将由 0.92 提高到 0.95。灌区的灌溉水利用系数将由 0.61 提高到 0.70；综合毛灌溉定额由 467m^3／亩降低到 395m^3／亩，预测中充分考虑了垦区农业节水技术与管理水平的现实可能性。

（4）畜牧业及渔业需水量预测

根据规划饲养牲畜数量，按照牲畜用水定额 15L／只·d 控制，2020 年灌区牲畜用水节点水量为 2 826.38 万 m^3；渔业用水根据基准年实际情况，考虑水面蒸发、渗漏、水生生物的生长等因素，按照 750m^3／亩控制，预计 2020 年灌区渔业用水节点水量为 1 114 万 m^3。

（5）各业需水汇总

根据以上综合分析，基准年玛河灌区各业需水总计为 164 228.05 万 m^3（二级灌区节点），2020 年玛河灌区各业需水总计为 158 885.30 万 m^3（二级灌区节点）。玛河灌区各水平年各业需水量汇总表详见表 4-6，用水过程详见表 4-7 和表 4-8。

从近年来灌区用水情况看，当时预测的各业用水总量及效率均与实际发展水平有一定的出入，但用水总量及过程与实际需要偏差并不大，说明当时的需求侧分析是基本合理的。

4.3.3　水资源供给侧分析

4.3.3.1　水资源条件

根据流域水资源条件，灌区可利用水量由三部分组成。

不同保证率的地表水：通过水利工程体系联合调度，从红山嘴渠首和平原水库出库口适时适量为用户供水。

灌区地下水：可开采量 4.06 亿 m^3／a（包括在平原区出溢的泉水 1.1 亿 m^3），分区分类配置于城乡生活及工业，其中农用部分根据地表水缺口配置，尽量减轻水库库容压力。水量需折算至计算节点，方可参与平衡分析。

中水：石河子市城市生活污水处理达标后，可以用于农业灌溉，现状年约为 0.4 亿 m^3，

2020年预测为1.2亿 m³。主要通过蘑菇湖水库调蓄，灌溉期通过西岸大渠输往灌区，水量在平原水库出库口参与平衡分析。

表4-6　玛河灌区各水平年各业需水量汇总*

单位：万 m³

水平年	I级	II级	农业	牲畜	渔业	生活	工业	总计
2005	南部灌区	石河子灌区	34 180.14	267.45	638.88	3 706.73	4 867.83	43 661.03
		玛纳斯灌区	21 168.09	186.31	368.10	356.51	2 160.81	24 239.82
		小计	55 348.22	453.76	1 006.99	4 063.24	7 028.64	67 900.85
	北部灌区	莫索湾灌区	31 916.48	381.77	78.76	423.08	361.87	33 161.95
		西岸大渠灌区	44 639.78	773.85	53.82	665.95	389.90	46 523.29
		新湖灌区	16 079.45	120.48	56.35	146.90	238.77	16 641.95
		小计	92 635.71	1 276.11	188.92	1 235.92	990.54	96 327.20
	总计		147 983.93	1 729.87	1 195.91	5 299.16	8 019.18	164 228.05
2020	南部灌区	石河子灌区	29 600.86	451.82	599.31	4 903.08	16 810.18	52 365.25
		玛纳斯灌区	17 238.19	313.12	343.51	529.86	4174.64	22 599.31
		小计	46 839.05	764.94	942.82	5 432.94	20 984.82	74 964.56
	北部灌区	莫索湾灌区	27 011.36	623.95	71.47	611.48	634.54	28 952.80
		西岸大渠灌区	37 872.15	1237.23	47.78	941.57	716.60	40 815.34
		新湖灌区	13 228.22	200.25	52.00	215.92	456.20	14 152.61
		小计	78 111.73	2 061.44	171.25	1 768.97	1 807.35	83 920.74
	总计		124 950.78	2 826.38	1 114.07	7 201.91	22 792.17	158 885.30

*数据均为节点水量。

4.3.3.2　水利工程条件

玛纳斯河流域的开发工作从1950年起，特别是在1954年玛纳斯河流域第一次规划的指导下，经过50多年的艰苦奋斗，先后已建引、输、蓄、配和发电等综合利用水利工程。这些工程对促进灌区的国民经济发展和稳定生态环境发挥了巨大的作用。玛河灌区现已成为新疆水土开发程度较高、水资源利用较充分的大型灌区。灌区总灌溉面积316.30万亩，其中南部114.78万亩，北部201.52万亩。玛纳斯河灌区供水关系示意图详见图6。

（1）场外引水工程

玛河已建成玛纳斯河红山嘴灌溉引水枢纽和两座水力发电引水枢纽。其中，红山嘴引水枢纽建于1959年，是以灌溉为主结合发电的人工弯道式永久性引水建筑物，设计引水能力105m³/s，年引水量9亿 m³，引水率为65%。该枢纽能控制流域绝大多数灌溉面积，是流域灌溉工程的命脉。进水闸后为总干渠，长1km，尾部为曲线沉砂池和第一分水闸，此处可将水分送东岸大渠、四、五级电站引水渠和玛河渡槽，是灌区按照管理章程分水的计量断面。运行中根据调度需要，东岸大渠的水可以直接进入玛纳斯县灌区；可以送往跃进水库和新户坪水库；可以从玛河渡槽、五级电站尾水渠处的过河涵洞调往西岸进入石河子灌区和蘑菇湖水库；还可以从三处退入河道，进入夹河子水库，因此东岸大渠是全灌区的输水大动脉，更是南部灌区不可缺少的供水工程。二级电站引水枢纽，位于红山嘴渠首上游15km处，建于1979年，是以发电为主的人工弯道式拦河引水枢纽。设计引水能力70m³/s，发电后在五级电站尾水处投入东岸大渠，在一级电站建成

表 4-7　基准年玛洞灌区各业需水过程汇总*

单位：万 m³

灌区		行业	1月	2月	3月	4月	5月	6月	7月	8月	9月	10月	11月	12月	小计
北部灌区	西岸大渠灌区	生活用水	55.50	55.50	55.50	55.50	55.50	55.50	55.50	55.50	55.50	55.50	55.50	55.50	665.95
		工业用水	32.49	32.49	32.49	32.49	32.49	32.49	32.49	32.49	32.49	32.49	32.49	32.49	389.90
		牲畜用水	64.49	64.49	64.49	64.49	64.49	64.49	64.49	64.49	64.49	64.49	64.49	64.49	773.85
		渔业用水	4.48	4.48	4.48	4.48	4.48	4.48	4.48	4.48	4.48	4.48	4.48	4.48	53.82
		农业用水				1 692.61	3 877.03	9 631.19	13 077.84	6 419.42	651.58	8 230.47	1 059.63		44 639.78
		需水小计	156.96	156.96	156.96	1 849.57	4 033.99	9 788.15	13 234.80	6 576.38	808.54	8 387.43	1 216.59	156.96	46 523.29
	莫索湾灌区	生活用水	35.26	35.26	35.26	35.26	35.26	35.26	35.26	35.26	35.26	35.26	35.26	35.26	423.08
		工业用水	30.16	30.16	30.16	30.16	30.16	30.16	30.16	30.16	30.16	30.16	30.16	30.16	361.87
		牲畜用水	31.81	31.81	31.81	31.81	31.81	31.81	31.81	31.81	31.81	31.81	31.81	31.81	381.77
		渔业用水	6.56	6.56	6.56	6.56	6.56	6.56	6.56	6.56	6.56	6.56	6.56	6.56	78.76
		农业用水				931.21	2 730.07	6 968.43	9 314.49	4 823.70	428.48	5 636.81	1 083.28		31 916.48
		需水小计	103.79	103.79	103.79	1 035.00	2 833.86	7 072.22	9 418.28	4 927.49	532.27	5 740.60	1 187.07	103.79	33 161.95
	新湖灌区	生活用水	12.24	12.24	12.24	12.24	12.24	12.24	12.24	12.24	12.24	12.24	12.24	12.24	146.90
		工业用水	19.90	19.90	19.90	19.90	19.90	19.90	19.90	19.90	19.90	19.90	19.90	19.90	238.77
		牲畜用水	10.04	10.04	10.04	10.04	10.04	10.04	10.04	10.04	10.04	10.04	10.04	10.04	120.48
		渔业用水	4.70	4.70	4.70	4.70	4.70	4.70	4.70	4.70	4.70	4.70	4.70	4.70	56.35
		农业用水				457.47	1 162.08	3 483.80	5 008.25	2 481.77	232.29	2 551.12	702.68		16 079.45
		需水小计	46.87	46.87	46.87	504.35	1 208.95	3 530.68	5 055.13	2 528.64	279.16	2 598.00	749.55	46.87	16 641.95
	北部灌区小计	生活用水	102.99	102.99	102.99	102.99	102.99	102.99	102.99	102.99	102.99	102.99	102.99	102.99	1 235.92
		工业用水	82.54	82.54	82.54	82.54	82.54	82.54	82.54	82.54	82.54	82.54	82.54	82.54	990.54
		牲畜用水	106.34	106.34	106.34	106.34	106.34	106.34	106.34	106.34	106.34	106.34	106.34	106.34	1 276.11
		渔业用水	15.74	15.74	15.74	15.74	15.74	15.74	15.74	15.74	15.74	15.74	15.74	15.74	188.92
		农业用水	0.00	0.00	0.00	3 081.30	7 769.18	20 083.43	27 400.59	13 724.88	1 312.35	16 418.41	2 845.58	0.00	92 635.71
		需水小计	307.62	307.62	307.62	3 388.92	8 076.81	20 391.05	27 708.21	14 032.50	1 619.97	16 726.03	3 153.21	307.62	96 327.20

（续表）

灌区	行业	1月	2月	3月	4月	5月	6月	7月	8月	9月	10月	11月	12月	小计
石河子灌区	生活用水	308.89	308.89	308.89	308.89	308.89	308.89	308.89	308.89	308.89	308.89	308.89	308.89	3 706.73
	工业用水	405.65	405.65	405.65	405.65	405.65	405.65	405.65	405.65	405.65	405.65	405.65	405.65	4 867.83
	牲畜用水	22.29	22.29	22.29	22.29	22.29	22.29	22.29	22.29	22.29	22.29	22.29	22.29	267.45
	渔业用水	53.24	53.24	53.24	53.24	53.24	53.24	53.24	53.24	53.24	53.24	53.24	53.24	638.88
	农业用水				1 137.34	2 261.25	7 112.37	11 246.21	5 627.40	767.35	4 035.42	1 992.80		34 180.14
	需水小计	790.07	790.07	790.07	1 927.41	3 051.33	7 902.44	12 036.29	6 417.48	1 557.42	4 825.49	2 782.87	790.07	43 661.03
南部灌区 玛纳斯灌区	生活用水	29.71	29.71	29.71	29.71	29.71	29.71	29.71	29.71	29.71	29.71	29.71	29.71	356.51
	工业用水	180.07	180.07	180.07	180.07	180.07	180.07	180.07	180.07	180.07	180.07	180.07	180.07	2 160.81
	牲畜用水	15.53	15.53	15.53	15.53	15.53	15.53	15.53	15.53	15.53	15.53	15.53	15.53	186.31
	渔业用水	30.68	30.68	30.68	30.68	30.68	30.68	30.68	30.68	30.68	30.68	30.68	30.68	368.10
	农业用水				788.25	1 173.58	4 517.24	7 191.12	3 519.75	400.78	2 221.36	1 356.00		21 168.09
	需水小计	255.98	255.98	255.98	1 044.23	1 429.56	4 773.22	7 447.10	3 775.72	656.76	2 477.34	1 611.98	255.98	24 239.82
南部灌区小计	生活用水	338.60	338.60	338.60	338.60	338.60	338.60	338.60	338.60	338.60	338.60	338.60	338.60	4063.24
	工业用水	585.72	585.72	585.72	585.72	585.72	585.72	585.72	585.72	585.72	585.72	585.72	585.72	7028.64
	牲畜用水	37.81	37.81	37.81	37.81	37.81	37.81	37.81	37.81	37.81	37.81	37.81	37.81	453.76
	渔业用水	83.92	83.92	83.92	83.92	83.92	83.92	83.92	83.92	83.92	83.92	83.92	83.92	1006.99
	农业用水	0.00	0.00	0.00	1 925.59	3 434.83	11 629.61	18 437.34	9 147.15	1 168.13	6 256.78	3 348.80	0.00	55 348.22
	需水小计	1 046.05	1 046.05	1 046.05	2 971.64	4 480.89	12 675.66	19 483.39	10 193.20	2 214.18	7 302.83	4 394.85	1 046.05	67 900.85
玛河灌区合计	生活用水	441.60	441.60	441.60	441.60	441.60	441.60	441.60	441.60	441.60	441.60	441.60	441.60	5 299.16
	工业用水	668.27	668.27	668.27	668.27	668.27	668.27	668.27	668.27	668.27	668.27	668.27	668.27	8 019.18
	牲畜用水	144.16	144.16	144.16	144.16	144.16	144.16	144.16	144.16	144.16	144.16	144.16	144.16	1 729.87
	渔业用水	99.66	99.66	99.66	99.66	99.66	99.66	99.66	99.66	99.66	99.66	99.66	99.66	1 195.91
	农业用水	0.00	0.00	0.00	5 006.89	11 204.02	31 713.03	45 837.92	22 872.03	2 480.47	22 675.18	6 194.38	0.00	147 983.93
	需水小计	1 353.68	1 353.68	1 353.68	6 360.56	12 557.69	33 066.71	47 191.60	24 225.71	3 834.15	24 028.86	7 548.06	1 353.68	164 228.05

表 4-8　设计水平年玛洞灌区各业需水过程汇总*

单位：万 m³

灌区	行业	1月	2月	3月	4月	5月	6月	7月	8月	9月	10月	11月	12月	小计
西岸大渠灌区	生活用水	78.46	78.46	78.46	78.46	78.46	78.46	78.46	78.46	78.46	78.46	78.46	78.46	941.57
	工业用水	59.72	59.72	59.72	59.72	59.72	59.72	59.72	59.72	59.72	59.72	59.72	59.72	716.60
	牲畜用水	103.10	103.10	103.10	103.10	103.10	103.10	103.10	103.10	103.10	103.10	103.10	103.10	1 237.23
	渔业用水	3.98	3.98	3.98	3.98	3.98	3.98	3.98	3.98	3.98	3.98	3.98	3.98	47.78
	农业用水				1 403.05	3 572.49	7 684.52	11 302.43	5 615.12	261.73	7 393.11	639.70		37 872.15
	需水小计	245.27	245.27	245.27	1 648.32	3 817.75	7 929.78	11 547.70	5 860.39	507.00	7 638.38	884.96	245.27	40 815.34
莫索湾灌区	生活用水	50.96	50.96	50.96	50.96	50.96	50.96	50.96	50.96	50.96	50.96	50.96	50.96	611.48
	工业用水	52.88	52.88	52.88	52.88	52.88	52.88	52.88	52.88	52.88	52.88	52.88	52.88	634.54
	牲畜用水	52.00	52.00	52.00	52.00	52.00	52.00	52.00	52.00	52.00	52.00	52.00	52.00	623.95
	渔业用水	5.96	5.96	5.96	5.96	5.96	5.96	5.96	5.96	5.96	5.96	5.96	5.96	71.47
	农业用水				888.48	2 675.35	5 465.89	7 797.56	4 082.17	392.94	5 389.33	319.63		27 011.36
	需水小计	161.79	161.79	161.79	1050.27	2 837.14	5 627.67	7 959.35	4 243.96	554.72	5 551.12	481.42	161.79	28 952.80
新湖灌区	生活用水	17.99	17.99	17.99	17.99	17.99	17.99	17.99	17.99	17.99	17.99	17.99	17.99	215.92
	工业用水	38.02	38.02	38.02	38.02	38.02	38.02	38.02	38.02	38.02	38.02	38.02	38.02	456.20
	牲畜用水	16.69	16.69	16.69	16.69	16.69	16.69	16.69	16.69	16.69	16.69	16.69	16.69	200.25
	渔业用水	4.33	4.33	4.33	4.33	4.33	4.33	4.33	4.33	4.33	4.33	4.33	4.33	52.00
	农业用水				439.53	1 289.37	2 739.70	3 870.21	1 815.11	256.96	2 577.74	239.61		13 228.22
	需水小计	77.03	77.03	77.03	516.56	1 366.40	2 816.73	3 947.24	1 892.14	334.00	2 654.77	316.64	77.03	14 152.61
北部灌区小计	生活用水	147.41	147.41	147.41	147.41	147.41	147.41	147.41	147.41	147.41	147.41	147.41	147.41	1 768.97
	工业用水	150.61	150.61	150.61	150.61	150.61	150.61	150.61	150.61	150.61	150.61	150.61	150.61	1 807.35
	牲畜用水	171.79	171.79	171.79	171.79	171.79	171.79	171.79	171.79	171.79	171.79	171.79	171.79	2 061.44
	渔业用水	14.27	14.27	14.27	14.27	14.27	14.27	14.27	14.27	14.27	14.27	14.27	14.27	171.25
	农业用水	0.00	0.00	0.00	2 731.06	7 537.20	15 890.10	22 970.20	11 512.41	911.63	15 360.18	1 198.94	0.00	78 111.73
	需水小计	484.08	484.08	484.08	3 215.15	8 021.29	16 374.19	23 454.29	11 996.49	1 395.71	15 844.26	1 683.02	484.08	83 920.74

（续表）

灌区	行业	1月	2月	3月	4月	5月	6月	7月	8月	9月	10月	11月	12月	小计
石河子灌区	生活用水	408.59	408.59	408.59	408.59	408.59	408.59	408.59	408.59	408.59	408.59	408.59	408.59	4 903.08
	工业用水	1 400.85	1 400.85	1 400.85	1 400.85	1 400.85	1 400.85	1 400.85	1 400.85	1 400.85	1 400.85	1 400.85	1 400.85	16 810.18
	牲畜用水	37.65	37.65	37.65	37.65	37.65	37.65	37.65	37.65	37.65	37.65	37.65	37.65	451.82
	渔业用水	49.94	49.94	49.94	49.94	49.94	49.94	49.94	49.94	49.94	49.94	49.94	49.94	599.31
	农业用水				1 170.86	2 189.30	6 177.68	9 407.56	4 688.15	721.81	3 883.67	1 361.82		29 600.86
	需水小计	1 897.03	1 897.03	1 897.03	3 067.89	4 086.33	8 074.72	11 304.59	6 585.19	2 618.84	5 780.71	3 258.85	1 897.03	52 365.25
南部灌区 · 玛纳斯灌区	生活用水	44.15	44.15	44.15	44.15	44.15	44.15	44.15	44.15	44.15	44.15	44.15	44.15	529.86
	工业用水	347.89	347.89	347.89	347.89	347.89	347.89	347.89	347.89	347.89	347.89	347.89	347.89	4 174.64
	牲畜用水	26.09	26.09	26.09	26.09	26.09	26.09	26.09	26.09	26.09	26.09	26.09	26.09	313.12
	渔业用水	28.63	28.63	28.63	28.63	28.63	28.63	28.63	28.63	28.63	28.63	28.63	28.63	343.51
	农业用水				666.64	1 095.09	3 631.06	5 729.68	2 898.64	289.98	1 882.23	1 044.87		17 238.19
	需水小计	446.76	446.76	446.76	1 113.40	1 541.85	4 077.82	6 176.44	3 345.40	736.74	2 328.99	1 491.63	446.76	22 599.31
南部灌区小计	生活用水	452.74	452.74	452.74	452.74	452.74	452.74	452.74	452.74	452.74	452.74	452.74	452.74	5 432.94
	工业用水	1 748.73	1 748.73	1 748.73	1 748.73	1 748.73	1 748.73	1 748.73	1 748.73	1 748.73	1 748.73	1 748.73	1 748.73	20 984.82
	牲畜用水	63.75	63.75	63.75	63.75	63.75	63.75	63.75	63.75	63.75	63.75	63.75	63.75	764.94
	渔业用水	78.57	78.57	78.57	78.57	78.57	78.57	78.57	78.57	78.57	78.57	78.57	78.57	942.82
	农业用水	0.00	0.00	0.00	1 837.49	3 284.39	9 808.75	15 137.24	7 586.80	1 011.79	5 765.91	2 406.69	0.00	46 839.05
	需水小计	2 343.79	2 343.79	2 343.79	4 181.29	5 628.18	12 152.54	17 481.03	9 930.59	3 355.58	8 109.70	4 750.48	2 343.79	74 964.56
玛河灌区合计	生活用水	600.16	600.16	600.16	600.16	600.16	600.16	600.16	600.16	600.16	600.16	600.16	600.16	7 201.91
	工业用水	1 899.35	1 899.35	1 899.35	1 899.35	1 899.35	1 899.35	1 899.35	1 899.35	1 899.35	1 899.35	1 899.35	1 899.35	22 792.17
	牲畜用水	235.53	235.53	235.53	235.53	235.53	235.53	235.53	235.53	235.53	235.53	235.53	235.53	2 826.38
	渔业用水	92.84	92.84	92.84	92.84	92.84	92.84	92.84	92.84	92.84	92.84	92.84	92.84	1114.07
	农业用水	0.00	0.00	0.00	4 568.56	10 821.60	25 698.85	38 107.44	19 099.20	1 923.42	21 126.09	3 605.62	0.00	124 950.78
	需水小计	2 827.88	2 827.88	2 827.88	7 396.44	13 649.47	28 526.72	40 935.32	21 927.08	4 751.30	23 953.96	6 433.50	2 827.88	158 885.30

后已基本不引水。一级电站引水枢纽，位于二级电站渠首上游 12km 处，建于 2005 年，为闸坝式拦河引水枢纽，设计引水能力 62m³/s，发电水投入二级电站引水渠。

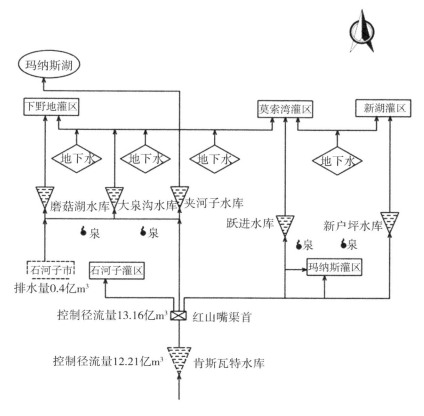

图 6　玛纳斯河灌区供水关系示意

（2）灌区蓄水工程

灌区内有大中型水库 5 座，多为 20 世纪 50—60 年代修建，水库地处泉水溢出带下缘，拦蓄河水、泉水、自流井水及发电尾水。其中新户坪水库和跃进水库位于东岸；蘑菇湖水库、大泉沟水库位于西岸；夹河子水库为拦河水库，可以为东西两岸调配水量。平原水库工程特性详见表 4-9。

表 4-9　流域大中型平原水库统计　　　　　　　　　　　　　　　　单位：10⁸ m³

水库名称	设计总库容	现状调节库容	死库容	最大坝高/坝长（m/km）	蓄水方式
新户坪水库	0.4	0.25	0.15	10/4.5	注入
跃进水库	1.0	0.80	0.20	13.99/11	注入
夹河子水库	1.0	0.65	0.35	17.8/6.39	拦河
大泉沟水库	0.4	0.35	0.05	10.3/6.6	注入
蘑菇湖水库	1.8	1.725	0.075	15.6/13.6	注入
合计	4.6	3.775	0.825		

（3）灌区骨干输水工程

多年来，灌区已建骨干输水渠 363.99km，全部采用干砌卵石或混凝土防渗，已建各类配套建筑物 261 座。详见表 4-10。

表 4-10　玛河灌区骨干输水工程统计

渠道名称	设计流量	总长	建筑物数量
玛纳斯河总干渠	105.0	0.8	1
东岸大渠	105.0	17.2	12
头二三宫渠	7.5	8.7	11
西调渠	30.0	14.5	18
莫合渠	20.0	9.0	6
六浮渠	60.0	19.5	8
石河子干渠	23.0	19.0	32
蘑大引洪渠	40.0	31.0	15
夹河子水库东泄水渠	32.0	12.0	6
夹河子水库西泄水渠	51.0	1.1	3
莫索湾总干渠	42.0	61.8	25
西岸大渠	51.0	113.0	52
头道沟干渠	15.0	12.65	15
沙干渠	13.6	43.74	57
合计		363.99	261

（4）灌区内灌排工程

灌溉工程：玛河灌区内现已建成干、支、斗、农四级固定渠道，灌溉渠道总长 2.8 万 km。其中干渠总长 618km，防渗率 100%；支渠总长 1 421km，防渗率 85.05%；斗渠总长 5 382km，防渗率 45%。

排水工程：玛河灌区内现有排水渠总长 2 657km，其中干排长 474km，支排长 573km，斗农排长 1 610km，配套建筑物 1 051 座。排水出路多为玛河故道或沙漠区。其中石河子、下野地的排水系统较为完整。

（5）高新节水灌溉工程

为缓解农业严重缺水局面，在完善和提高常规节水措施的同时，自 1996 年开始试验、推广应用创新型高效节水灌溉技术——膜下滴灌。1997 年建成膜下滴灌面积约 2 万亩，1998 年发展到 13 万亩，2004 年已建成 136 万亩，到 2017 年大型灌区续建配套与节水改造工程完成时，灌区 80% 以上的灌溉面积都实施了高新节水灌溉，提前达到了工程规划论证时的预测水平。农八师垦区的棉花膜下滴灌模式创新所创造的节水增效效果，有效带动了全流域乃至全疆的农业节水大发展。据统计，2019 年新疆的棉花种植面积和产量分别占全国 75% 和 80%。

但在肯斯瓦特工程论证的基准年 2005 年，玛河灌区平原水库以南灌区滴灌面积为 23.99 万亩，占南部灌区面积的 20.9%；北部灌区滴灌面积 112.01 万亩，占北部灌区面积的 55.6%，受供水保证率的影响，南北发展极不均衡。从供给侧工程条件来看，在原有的工程体系中增加山区调蓄工程，是补短板的必要措施，对提高灌区供水质量，推动全灌区高效节水至关重要。

4.3.4　无山区水库的水资源供需平衡分析

肯斯瓦特水利枢纽工程建设的必要性，除了防洪因素之外，在水资源调配方面的必要性也是重点之一。为此，从现状工程体系和供需关系分析入手，找到无山区水库情况下灌区存在的缺水区域、缺水时段和缺水数量，从而确定调节需求，是非常重要的定性分析工作。论证工作始于2005 年，背景是山区水库尚未建设的已有工程体系；用水情况以基准年分行业、分灌区的统计数据为基础；供水遵循流域分水协议并适当优化；计算采用南部灌区以红山嘴渠首为平衡节点、北部灌区以平原水库库口为平衡节点的概化模型，实事求是地开展分析工作。回顾十五年前的分析过程，对理解本工程建设的必要性，具有一定的借鉴意义。

（1）基准年各业用水状况

从取水水源来看，农业灌溉用水以河水为主；农业灌溉使用的地下水有井水和平原区溢出的泉水，而农区泉水实际上是地下水的组成部分，溢出量与开采量之间有一定的水力联系，通过平原水库调蓄利用；城市生活污水处理回用也是灌溉水源的组成部分。根据水利年报资料，基准年玛河灌区各业总用水量 164 228 万 m^3，其中农业 147 984 万 m^3，牲畜 1 730 万 m^3，渔业 1 196 万 m^3，居民生活 5 299 万 m^3，工业 8 019 万 m^3。农业是用水大户，用水量占 90.1%。玛河灌区基准年各业用水量汇总见表 4-11。

表 4-11　基准年玛河灌区各业用水汇总*

单位：万 m^3

灌区	农业	牲畜	渔业	生活	工业	合计
合　计	147 984	1 730	1 196	5 299	8 019	164 228

*均为节点水量。

（2）基准年供水情况

基准年供水水源主要有河水、地下水（含泉水）、城市污水处理回用三部分。根据红山嘴断面实测资料分析，多年平均年径流量 13.16 亿 m^3，河水存在年际变化较大、年内分配集中的特点。在山区无调节水库情况下，平原水库上游的南部灌区 114.78 万亩耕地的供水保证率很低，常出现春季 5 月和 6 月供水不足，形成大面积缺水型中低产田，平均亩产仅为北部灌区的 80% 左右；玛河 7 月、8 月的来水很大，虽然与灌溉用水高峰吻合，但由于水量主要集中在几次大的洪水过程中（如 1999 年三日洪量达 2.5 亿 m^3），红山嘴枢纽不能充分调配到东西两岸的灌区和注入式水库中，而拦河而建的夹河子水库调节库容极为有限，常会出现灌区缺水但夹河子水库却大量泄水的情况。因此，调节能力不足是地表水利用面临的主要问题。各种保证率的大河来水见表4-12。

表 4-12　红山嘴站不同频率设计年径流月分配情况*

单位：亿 m^3

月份	1 月	2 月	3 月	4 月	5 月	6 月	7 月	8 月	9 月	10 月	11 月	12 月	年
95%	0.227	0.197	0.234	0.271	0.498	1.686	2.53	2.948	1.029	0.417	0.3	0.26	10.6
75%	0.221	0.225	0.271	0.28	0.536	1.764	3.055	2.814	1.198	0.448	0.311	0.295	11.42
50%	0.248	0.231	0.288	0.303	0.628	1.856	3.53	2.959	1.306	0.555	0.358	0.288	12.55
25%	0.267	0.224	0.275	0.297	0.622	1.935	3.675	4.236	1.368	0.614	0.379	0.36	14.25
5%	0.38	0.349	0.362	0.328	0.571	2.609	5.253	5.062	1.32	0.695	0.467	0.39	17.79

*引自《肯斯瓦特水利枢纽工程可研报告》（2009 年）。

根据灌区地下水均衡分析结果，全灌区基准年总补给量 5.57 亿 m³，可开采量 4.06 亿 m³（井、泉口量），其中机井净开采量 2.96 亿 m³，引用泉水 1.1 亿 m³。基准年的人畜、城市及工业用水全部使用地下水，工业密集区局部地下水位持续下降，为了维持采补平衡，工业密集区已严格限制开采。基准年地下水开采量折算到供需平衡计算节点的水量为 5.16 亿 m³，其中用于农业灌溉 3.67 亿 m³（含平原区泉水溢出量 1.1 亿 m³）；用于城市、工业、人畜饮水 1.49 亿 m³。地下水的局部超采问题，客观上也受地表水供应不及时的影响。

基准年有约 0.4 亿 m³ 中水进入蘑菇湖水库，与河水混合供西岸大渠灌区农业灌溉，中水经过与地表水混合及 50 多 km 长的西岸大渠自然净化，完全符合灌溉水质标准，是可靠的水源。

综上所述，灌区可利用的三部分水源，在 75% 保证率情况下，折合节点水量为 16.98 亿 m³，大于灌区总蓄水量 16.42 亿 m³ 中，不存在资源性缺水问题。

（3）灌区划分与计算模型

根据平原水库分布情况，将玛河灌区 316.3 万亩的灌溉面积划分为无水库调节的南部灌区（包括石河子灌区及玛纳斯灌区）和有水库调节的北部灌区（包括西岸大渠灌区、莫索湾灌区、新湖灌区），以便于分区计算需水过程、进行平衡计算、确定水量盈亏时段和数量。其中南部灌区面积 114.78 万亩，北部 201.52 万亩。玛河灌区划分详见表 4-13。

表 4-13　玛纳斯河流域南、北灌区划分统计*

Ⅰ级灌区区	Ⅱ级灌区	Ⅲ级灌区
南部灌区	玛纳斯县灌区	凉州户乡、头工乡、园艺场、试验站、广东地乡、兰州湾、北五岔乡、六户地乡
	石河子灌区	石河子市、石河子总场、152 团、石河子乡、201 团、两院试验农场
北部灌区	莫索湾灌区	147 团、148 团、149 团、150 团
	西岸大渠灌区	尚户地乡、柳毛湾乡、老沙湾乡、四道河子镇、乌兰乌苏镇、121 团、122 团、132 团、133 团、134 团、135 团、136 团、石河子监狱、下野地试验站
	新湖灌区	新湖总场灌区（六分场除外）、七分场灌区

* 引自《肯斯瓦特水利枢纽工程可研报告》（2009 年）。

根据灌区多年灌溉调度经验，每年灌溉期开始时北部灌区先使用平原水库供水，平原水库放空后，大河洪水一般都能够顺利衔接，一旦洪水来迟，北部只能启动抗旱水源井或局部受旱；南部灌区为间接调节方式，优先使用河水灌溉，多余部分进入北部灌区，不足时则启动抗旱水源井或局部受旱。

不同灌区的供水路径有差异，其中南部灌区从红山嘴渠首东岸大渠引水；北部灌区可通过红山嘴渠首引水进入灌区或平原水库，河道水可在进入夹河子水库后，通过夹河子东泄水渠和西泄水渠进入北部灌区。五座平原水库为跃进、夹河子、蘑菇湖、大泉沟和新户坪水库，可共同为北部灌区调节供水，其中新户坪水库主要控制新湖灌区，跃进水库控制莫索湾灌区及新湖部分灌区，蘑菇湖水库和大泉沟水库控制西岸大渠灌区，夹河子水库可通过东泄水渠给莫索湾灌区供水，通过西泄水渠给西岸大渠灌区供水，是兼顾两岸供水的重要拦河枢纽工程。

计算模型模拟实际工程体系，南部灌区计算节点在红山嘴渠首，北部灌区计算节点在平原水库库口。地表水按照大河来水按照流域管理委员会确定的各单位分水比例分配，各分区地下水、泉水及可利用中水量均以调查资料为准。

（4）供需平衡分析

按照水利规划基本要求，水资源供需平衡分析应采用长系列计算方法。根据玛纳斯河 50 多年实测的逐月水文资料，将分区地下水可开采量当作调节水源，计入中水资源，形成优化供水过程，与灌区逐月蓄水量进行对照计算，衡量盈缺情况，统计满足供需平衡的年数占总年数的百分比，判定供水安全程度。

计算中需要关注两项内容，一是分析全灌区可供水量与国民经济需水总量之间的关系，判断年供水量是否满足需求，总量不足时，则判定为破坏状态；二是对南、北灌区分别进行供需平衡计算，分析南、北灌区供需水状况，分区供水不足时，也判定为破坏状态。长系列计算结果如下：

——全灌区在 51 年计算期中有 39 年供水满足需水，其余 12 年供水不能满足需水，全灌区供水保证率大于 75%，说明全灌区保持 316.3 万亩灌溉面积前提下，不存在资源性缺水。

——南部灌区的可利用水量，在 51 年计算期中有 45 年大于本灌区的需水量；而年供水量在 51 年中全部都小于年需水量，这充分说明南部灌区供水保证率低是调节能力不足造成的，属于工程性缺水。

——北部灌区在 51 年平衡计算中仅有 3 年供水不能满足灌区需水，其余 48 年供水均能完全满足灌区需水，灌溉保证率达 94% 以上。根据计算分析看，平原水库断面年平均入库量 8.36 亿 m^3，而平原水库兴利库容达 3.7 亿 m^3，调节库容系数为 0.44，属多年调节状态，因此北部灌区灌溉保证率较高。

——夹河子水库下泄河道水量是维持下游河湖生态的重要指标，长系列计算结果显示在 51 年计算期内，多年平均下泄水量为 0.65 亿 m^3，此计算结果与水库管理资料统计值吻合。肯斯瓦特水库建成后，要保持下游生态环境质量相对于基准年不下降，须将此水量作为水资源管理的控制性条件。

为直观清晰地反映灌区缺水情况，采用典型代表年法表达定性分析成果。在红山嘴渠首断面水文资料序列中选取频率为 75% 的枯水年和频率为 50% 的平水年，将年径流量及逐月径流量作为供给侧过程的典型代表，与下游需水过程进行对比分析，寻找缺水时段和缺水数量，详见表4-14 和表4-15。从计算表中可以看出，各保证率情况下南部灌区缺水量均较大，其中 75% 保证率来水年，南部灌区时段余水 10 792 万 m^3，时段缺水 8 709 万 m^3，余水大于缺水，这表明南部灌区缺水是调蓄能力不足造成的，北部灌区则不存在这个情况。在 50% 保证率情况下，夹河子水库下泄生态水量约 0.51 亿 m^3，与长系列计算的多年平均下泄水量 0.65 亿 m^3 基本吻合，说明选取的典型年基本能够代表总体样本特征。

4.3.5　有山区水库的水资源平衡分析

流域控制性工程的论证，涉及到流域经济社会与环境保护所有与水资源有关的问题，是一个复杂的系统工程，要能够经得起时间的考验。在山区控制性工程决策过程中必须将流域水资源的需求侧进行全新的优化，按照设计水平年的发展需求提高供水保证率和生态环境安全，遵循可持续发展原则规范人类用水行为，在水库规模论证时首先要进行经济社会用水总量管控，以夹河子水库年均下泄下游生态水 0.65 亿 m^3 不减少为刚性约束，并高度重视生态基流控制和鱼类保护；第二要保持灌溉面积 316.3 万亩不增加为控制条件，优化农业生产结构；第三要继续推行高效节水农业，降低农业用水比例，为工业和城市发展提供水资源保障。在供给侧管理方面首先要加强水资源统一管理，严格控制地下水开采总量，逐步治理南部灌区的超采区；其次要加大城市生活污水和工业污水处理力度，增加中水资源，减少环境污染，走绿色发展道路。

表 4-14 基准年玛河灌区平衡分析表 (一级灌区节点 $P=75\%$)*

单位：$10^4\mathrm{m}^3$

项目		1月	2月	3月	4月	5月	6月	7月	8月	9月	10月	11月	12月	小计
大河来水 (红山嘴断面)		2 164	2 440	2 656	2 840	5 259	17 882	29 979	27 612	12 149	4 392	3 156	2 893	114 160
南部灌区	供水 地表分水量	53	53	53	1 331	2 531	8 971	13 073	13 586	6 101	2 220	1 522	53	49 548
	井提水量	946	946	946	1 457	2 046	2 493	2 493	2 361	916	2 361	1 967	946	198 80
	供水合计	1 000	1 000	1 000	2 789	4 577	11 463	15 566	15 947	7 017	4 581	3 489	1 000	69 429
	需水 人畜工业渔业	1 000	1 000	1 000	1 000	1 000	1 000	1 000	1 000	1 000	1 000	1 000	1 000	11 997
	农业	0	0	0	1 926	3 435	11 630	18 437	9 147	1 168	5 023	4 583	0	55 348
	需水合计	1 000	1 000	1 000	2 925	4 435	12 629	19 437	10 147	2 168	6 023	5 582	1 000	67 345
	供需平衡 余水	0	0	0	137	143	0	0	5 800	4 849	0	0	0	10 792
	缺水	0	0	0	0	0	1 166	3 871	0	0	1 441	2 094	0	8 709
北部灌区	供水 渠系地表引水量	1 942	2 196	2 395	1 381	2 643	8 143	12 488	12 856	5 559	1 984	1 498	2 612	55 697
	河道输水损失	0	0	0	0	0	0	1 955	9	0	0	0	0	1 964
	南部灌区余水量	0	0	333	0	131	0	0	5 336	4 461	0	0	0	9 929
	污水回用	333	333	333	333	333	333	333	333	333	333	333	333	4 000
	泉水	1 300	1 300	1 300	643	643	643	643	643	643	643	1 300	1 300	11 000
	井提水量	302	302	302	1 721	3 193	3 850	3 982	3 456	302	1 748	1 217	302	20 679
	供水合计	3 878	4 132	4 330	4 078	6 943	12 970	19 401	22 634	11 298	4 708	4 349	4 548	103 269
	需水 人畜工业渔业	318	318	318	318	318	318	318	318	318	318	318	318	3 815
	农业用水	0	0	0	3 081	7 769	20 083	27 401	13 725	1 312	16 418	2 846	0	92 636
	需水合计	318	318	318	3 399	8 087	20 401	27 719	14 043	1 630	16 736	3 164	318	96 451
	供需平衡 余水	3 560	3 814	4 012	679	0	0	0	8 591	9 668	0	1 185	4 230	35 739
	缺水	0	0	0	0	1 144	7 431	8 317	0	0	12 028	0	0	28 921
	水库调节 蒸发渗漏损失	177	206	399	843	1 265	1 258	902	1 107	940	350	143	148	7 739
	月末库容	22 661	26 269	29 882	29 718	27 309	18 620	9 400	16 884	25 613	13 234	14 276	18 358	
	水库蓄放水	3 382	3 607	3 613	-164	-2 409	-8 690	-9 220	7 484	8 728	-12 378	1 042	4 082	-921
	下泄水	0	0	0	0	0	0	0	0	0	0	0	0	0

表4-15　基准年玛河灌区平衡分析表（一级灌区节点 $P=50\%$）*

单位：$10^4\,\mathrm{m}^3$

项目		1月	2月	3月	4月	5月	6月	7月	8月	9月	10月	11月	12月	小计
大河来水（红山嘴断面）		2 437	2 514	2 829	3 069	6 166	18 817	34 645	29 040	13 239	5 445	3 630	2 829	125 513
南部灌区 供水	地表分水量	53	53	53	1 440	2 970	9 440	13 632	13 632	6 649	2 755	1 751	53	52 484
	井提水量	946	946	946	1 457	2 046	2 493	2 493	2 361	916	2 361	1 967	946	19 880
	供水合计	1 000	1 000	1 000	2 897	5 016	11 933	16 125	15 994	7 565	5 117	3 718	1 000	72 364
需水	人畜工业渔业	1 000	1 000	1 000	1 000	1 000	1 000	1 000	1 000	1 000	1 000	1 000	1 000	11 997
	农业	0	0	0	1 926	3 435	11 630	18 437	9 147	1 168	5 023	4 583	0	55 348
	需水合计	1 000	1 000	1 000	2 925	4 435	12 629	19 437	10 147	2 168	6 023	5 582	1 000	67 345
供需平衡	余水	0	0	0	0	582	0	0	5 847	5 397	0	0	0	11 826
	缺水	0	0	0	28	0	696	3 312	0	0	906	1 864	0	6 806
	渠系地表引水量	2 193	2 264	2 554	1 497	2 920	8 748	12 773	12 820	6 056	2 457	1 723	2 554	58 558
	河道输水量	0	0	0	0	0	0	4 228	865	0	0	0	0	5 094
	南部灌区余水量	0	0	0	0	535	0	0	5 379	4 965	0	0	0	10 880
供水	污水回用	333	333	333	333	333	333	333	333	333	333	333	333	4 000
	泉水	1 300	1 300	1 300	643	643	643	643	643	643	643	1 300	1 300	11 000
	井提水量	302	302	302	1 721	3 193	3 850	3 982	3 456	302	1 748	1 217	302	20 679
	供水合计	4 128	4 200	4 489	4 195	7 624	13 574	21 959	23 497	12 300	5 181	4 573	4 489	110 211
北部灌区 需水	人畜工业渔业	318	318	318	318	318	318	318	318	318	318	318	318	3 815
	农业用水	0	0	0	3 081	7 769	20 083	27 401	13 725	1 312	16 418	2 846	0	92 636
	需水合计	318	318	318	3 399	8 087	20 401	27 719	14 043	1 630	16 736	3 164	318	96 451
供需平衡	余水	3 811	3 882	4 171	795	0	0	0	9 454	10 670	0	1 409	4 171	38 364
	缺水	0	0	0	0	463	6 827	5 759	0	0	11 556	0	0	24 605
水库调节	蒸发渗漏损失	211	240	420	878	1 327	1 337	1 131	1 255	1 056	428	196	196	8 674
	月末库容	23 910	26 252	26 321	2 6240	24 452	16 289	9 400	17 601	27 104	15 122	16 336	20 311	
	水库蓄放水	3 600	2 342	69	-82	-1 788	-8 162	-6 889	8 201	9 503	-11 983	1 214	3 976	0
	下泄水	0	1 300	3 683	0	0	0	0	0	113	0	0	0	5 097

（1）设计水平年各业用水状况

从取水水源来看，农业灌溉用水仍以河水为主，但通过山区水库与平原水库联合调度，供水安全性将大幅度提高；农业灌溉使用的地下水有井水和平原区溢出的泉水，而农区泉水实际上是地下水的组成部分，溢出量与开采量之间有一定的水力联系，地下水管控将进一步加强；城市生活污水处理回用力度将继续加大。根据预测，设计水平年玛河灌区各业总用水量158 885万 m³，其中农业124 951万 m³，牲畜2 826万 m³，渔业1 114万 m³，居民生活7 202万 m³，工业22 792万 m³。与基准年相比，经济社会用水总量由164 228万 m³降低到158 885万 m³，减少了5 343万 m³，对本流域来说实属不易；农业虽然还是用水大户，但用水量比例已由90.3%降为78.6%，农业深度节水起到了关键作用；工业用水和生活用水比例大幅度提升，体现了产业结构调整和水资源向高效益领域转移的思想，以适应新型工业化和城市化发展要求。玛河灌区设计水平年各业用水量汇总见表4-16。

表4-16　设计水平年玛河灌区各业用水汇总（二级灌区节点）* 　　　　　　单位：万 m³

灌区	农业	牲畜	渔业	生活	工业	合计
合　计	124 951	2 826	1 114	7 202	22 792	158 885

* 均为节点水量。

（2）设计水平年供水情况

供水水源仍然是河水、地下水（含泉水）、城市污水处理回用三大部分。地表水资源量以红山嘴断面年径流量13.16亿 m³为基础，以95%频率的径流量10.6亿 m³为控制，在满足下游生态控制水量前提下，通过山区水库和平原水库联合调节，适时适量供水；灌区地下水严格控制其开采量不超过4.06亿 m³/a（折合节点水量为5.16亿 m³/a），分区分类配置于城乡生活及工业，其中农用部分根据地表水缺口进行配置，以减轻水库库容压力；石河子市城市及工业污水处理达标后的中水资源，通过蘑菇湖水库调蓄，灌溉期通过西岸大渠输往灌区，2020预计能达到1.2亿 m³。三部分水源在95%保证率情况下，折合节点水量为16.96亿 m³（10.6+5.16+1.2），大于灌区总蓄水量15.89亿 m³，不存在资源性缺水问题。

（3）水资源配置原则

坚持经济社会用水总量控制原则。通过水资源统一管理实现严格管控流域总用水指标，在肯斯瓦特水库建成后的运行调度中，须保持夹河子水库断面下泄供生态水量0.65亿 m³不减少，控制流域灌溉面积316.31万亩不增加，控制流域地下水开采量不增加。

坚持以人为本、效益优先原则。按照优先生活，保障工业，尽量满足农业的配置次序。

坚持尊重历史、兼顾公平原则。为了维护社会和谐稳定，尊重历史形成的分水比例，适度调整优化。

坚持空间均衡、合理配置原则。针对不同水源的时空分布特点，逐项甄别、高水高用、就近配置以减少损耗并使山区水库规模最小化，降低工程建设成本，提高投资效果。

（4）供需平衡分析结论

水资源供需平衡分析方法与无山区水库相同，计算模型中新增了山区水库。计算的长系列资料采用玛纳斯河1954—2004年共51年径流过程进行逐月平衡计算，代表年选取95%、75%、50%三个保证率的大河来水资料。肯斯瓦特水库径流调节计算采用泥沙冲淤30年后的库容曲线，以保证工程能长期发挥效益。水量平衡计算节点在红山嘴渠首，北部灌区在平原水库库口。

由计算得知，有肯斯瓦特水库调节供水时，南部灌区在75%和50%来水时均可通过肯斯瓦特水库调节，满足灌区需水，95%来水年份，南部灌区也仅缺水2 013万 m³，因此，在肯斯瓦特水库建成运行后，可大大提高南部灌区灌溉保证率。50%来水年份，需要肯斯瓦特水库灌溉库容约为 0.70 亿 m³；75%来水年份需要肯斯瓦特水库灌溉库容约为 1.00 亿 m³。

通过 51 年长系列计算发现，由夹河子水库年均下泄可供生态水量 0.74 亿 m³，与环评批复要求的夹河子水库断面年均下泄生态水量 0.65 亿 m³ 相比，有一定增加。这说明，肯斯瓦特水库建成后，不会影响夹河子水库下泄生态水量和下泄规律。

4.4　工程调度运行与水资源统一管理问题研究

4.4.1　肯斯瓦特水库的调度运用

肯斯瓦特水利枢纽工程调度运行应满足防洪、灌溉兼顾发电的综合利用要求，充分发挥水库综合效益；还应满足生态基流和泥沙淤积要求，实现流域可持续发展和工程可持续利用。

（1）防洪调度

肯斯瓦特水库由于下游防洪对象较多，防洪库容为 0.28 亿 m³。通过对防洪库容和兴利库容结合进行的分析，汛限水位为 984.0m 时，结合库容为 0.24 亿 m³，从防洪方面考虑，水库在整个汛期均要在水位高于汛限水位时，尽快使水位回落到汛限水位。

洪水调节起调水位与汛限水位一致，同时以下游安全泄量 500m³/s 为控制条件进行调洪演算。调洪原则是：

——当洪水来临，入库洪水小于下游安全泄量（500m³/s）时，来多少泄多少，利用泄洪建筑物控制，维持汛限水位不变。

——随着洪水流量增大，当入库洪水大于下游安全泄量时，但水库水位低于防洪高水位时，根据泄洪建筑物的下泄量不超过下游安全泄量（500m³/s），维持削峰运行状态。

——随着洪水流量的继续增大，当水库水位超过防洪高水位时，进入保坝运行状态，根据泄洪建筑物的泄流能力自由下泄，直至降至汛限水位。

——洪峰过后进入消退段，水位逐渐下降至汛限水位后，如入库洪水流量小于下游安全泄量（500m³/s），则控制泄洪建筑物泄量，维持汛限水位不变，直至主汛期结束。

（2）水库灌溉调度原则及方式

肯斯瓦特水库为满足玛纳斯河灌区灌溉用水要求，经长系列调节计算得知，水库大多在 6 月放空，一般年份 6—7 月水库在低水位运行，到 8 月或 9 月水库才能蓄至较高水位。由于洪水期 6—8 月时将大量的泥沙带入水库，因此，在汛前使水库低水位运行进行排砂、冲砂运行对水库电站能量指标有影响，肯斯瓦特水库由于承担灌溉任务重，冲砂时间需很好的控制，否则会对水库的满蓄率产生较大影响，因此确定水库运行方式为：汛期前段低水位进行冲砂运行；汛期末在满足综合利用的前提下尽可能蓄水；非灌溉季节按发电要求运行。

（3）水库电站调度原则及方式

肯斯瓦特水利枢纽在石河子电力系统中的任务是在非供水期向系统提供调峰容量和备用容量，解决电力系统中调峰容量不足；在供水期结合灌溉供水要求发挥电站的电量效益。电力系统对电站及水库的调度应服从灌溉供水任务，在灌溉用水期按下游灌溉用水发电，在非供水期按保证出力发电。

（4）水库生态基流调度原则及方式

肯斯瓦特建库后，为满足坝址断面河道不断流的基本要求，需不间断下泄生态基流，根据环保要求，肯斯瓦特断面生态基流为 3.87m³/s，水库建成后，必须保证下泄水量不小于 3.87m³/s。

（5）水库泥沙调度原则及方式

为长期维持有效库容，水库兴利调度必须充分考虑冲沙，泥沙调度运行方式为：在水库运行前 20 年中，每年 7 月 1—31 日采用排沙运用，水库运用水位尽可能维持在死水位 955m；8 月 1 日至 9 月 30 日，在尽量满足灌溉和发电用水的情况下，蓄水至正常水位 990m。20 年后，每年 7 月 1 日—31 日采用排沙运用，水库运行水位维持在死水位 945m；8 月 1 日至 9 月 30 日，在尽量满足灌溉和发电用水的情况下，蓄水至正常水位 990m。汛期前段尽可能保持低水位，为冲砂运行创造条件；汛期末在满足综合利用的前提下，尽可能蓄水。运行 20 年以后，在 7 月设置排沙水位 945m，为冲沙创造更好的条件。

4.4.2　水资源统一管理

（1）玛纳斯河流域水资源管理模式与发展过程

肯斯瓦特水利枢纽工程所在的玛纳斯河流域，是天山北坡屯垦田开展较早的地区，清代史书多有记载，其间时盛时衰，从左宗棠平定阿古柏叛乱到民国时期，发展规模都不大，人口增长缓慢，但开渠屯田一直是地方官考绩内容之一。据玛纳斯县志记载，乾隆三十八年（公元 1773 年）县域人口 7 624 人，1949 年仅达到 2.2 万人，居民有汉、维、回、蒙等 8 个民族，以汉族为主，其来源有不同时期招募的来自甘肃、陕西、广东、福建、河南的民屯后裔，有内地遣犯后裔，有驻军转农人员和内地逃荒人员后裔。共开垦农田约 20 万亩，建有清水河子渠、凉州户渠等简易工程，引用少量河水灌溉。民国后期，玛纳斯县和沙湾县都成立了水利委员会，其用水管理先后由乡约、"水利"等地方官管理，收取"劳金"、侵占"公水"、包揽渠工等剥削农民现象普遍。

1950 年以后，解放军屯垦大规模展开，人口增长迅猛。1964 年玛纳斯县域人口已达到 12 万人；2005 年流域人口达到 83.46 万人。人口增长伴随着水土开发及水资源利用工程建设，同时带来水资源管理问题，兵地之间、各个行政单位之间用水矛盾日益突出。为此，自治区和兵团不断加强水资源管理力度，1954 年 4 月决定成立各用水单位参加的玛纳斯河灌溉管理委员会。1955 年，兵团成立西岸大渠灌溉管理所，后改为管理处，驻地大泉沟水库，直属兵团领导。1956 年 3 月自治区批准成立玛纳斯河灌溉管理处，直接归水利厅领导，负责管委会日常工作。1963 年管委会会议讨论通过了《玛纳斯河系用水管理章程》六章四十六条款，形成玛纳斯河流域水量计量与分配、水费征收、工程管理等相关制度；同年兵团玛纳斯河管理委员会运行，由兵团玛管处负责具体业务。1965 年兵团颁布《兵团玛河西岸大渠渠系管理规则》。1972 年自治区革委会同意恢复玛纳斯河灌溉管理委员会这个民主管理机构。1975 年兵团撤销，自治区玛河流域管理处和兵团玛管处合并成立石河子地区玛河流域管理处。1980 年，随着兵团恢复建制，石河子地区玛管处撤销，重新恢复兵团玛管处和自治区玛管处，同时为了加强水资源统一管理、便于水资源计量和分配，将东岸总干渠系统的工程资产（包括红山嘴渠首、东岸 18km 干渠及第一和第二总分水闸）和管理人员划归自治区玛管处，自此，流域水资源管理权与工程控制权统一局面真正形成。

随着玛纳斯河流域灌溉面积达到甚至超过 316.3 万亩的开发进程，灌区工程体系日益复杂，逐步形成两级管理格局，即自治区玛管处负责流域层面的用水管理，各个行政区负责内部的用水管理，除兵团玛管处外，玛纳斯县玛管处和沙湾县水管总站相继设立。但因兵团灌区是嵌入式分布于沙、玛两县行政区内，兵地交织融合度很高，其中兵团玛管处的工程体系庞大，除给兵团灌区供水之外，还通过西岸大渠给沙湾县老沙湾灌区及克拉玛依市小拐乡供水、通过莫索湾总干渠给玛纳斯县六户地乡供水；玛纳斯县玛管处除给县属灌区供水之外，还通过新户坪水库给兵团六师新湖总场灌区供水等等。为了处理这种复杂的用水关系，流域灌溉管理委员会在不同时期主持联席会议商定水量分配指标和各类协议，形成了一整套管理规则，各家长期遵照执行，保证了流域和谐用水局面。

（2）肯斯瓦特水库建成后的水资源管理

玛纳斯河流域规划以及肯斯瓦特水库规划论证过程中，都曾出现打破现有分水比例、重新优化水资源分配方案的想法，但因为各方地表水指标都已充分利用，且全流域国民经济用水总量已经长期挤占生态用水，工程建设不允许再新增用水量，打破分水比例没有现实意义，也无法达成共识。但由于灌溉工程布局的因素，各家的供水保证程度和抗旱能力有差异，平原水库上游的南部灌区获取指标内地表水的保证率不足，需要山区水库调节径流；全流域防洪安全需要山区水库消减洪峰，这在灌区达成了共识。因此，兵地商定肯斯瓦特水利枢纽工程由兵团负责项目报建和工程维护，防洪和水资源由流域机构统一管理，各方共同促进工程尽快上马。

水库建成运行后，玛纳斯河的水资源管理和流域的用水管理仍由水利厅玛河流域管理处管理，各用水单位内部的水资源管理和用水管理仍由各单位自行管理。玛河管理处仍以红山嘴大河流量，按管理章程向下游各用水单位配水，并可根据下游用水需要提出肯斯瓦特水库下泄流量，当发电下泄流量与下游灌区需水不一致时，水库应按玛河管理处为满足下游用水需要所提出水量向下游泄水，同时在保证灌区各业用水的前提下，充分发挥平原水库的反调节功能，使肯斯瓦特电站及下游梯级电站多发电。

水库建成运行后的防洪调度接受自治区防办统一领导，由自治区玛管处和师市水利局负责业务指导，水库管理处负责运行操作和工程维护。为合理实施肯斯瓦特水库的水情调度，水利厅玛河管理处在肯斯瓦特水库设立管理站与水库水情调度室共同实施水库调度。

4.5 水能资源高效利用问题研究

4.5.1 玛纳斯河水能资源

玛纳斯河干流从河源到乌伊公路全长 207km，天然落差 3 005m，水能理论蕴藏量 59 万 kW，平均水能密度 2 290kW/km。玛河干流与呼斯台郭勒河汇合口到乌伊公路，河段长 95km，占河段总长的 46%；集中落差 1 195m，占总落差的 40%；水能蕴藏量 32.3 万 kW，占总储能量的 59%；河段水能密度为 3 390kW/km，是玛河水能适宜开发的主要河段，该段下游现已建成引水式梯级电站 5 座，总装机容量 115MW，肯斯瓦特水库电站即处在该河段上。详见图 7。

4.5.2 电力系统特点与水电调峰能力分析

农八师石河子市为新疆生产建设兵团最大的垦区，包括石河子市及其周围的农牧团场和工矿企业。目前已形成覆盖整个垦区的石河子电网，在管理体制上相对独立，是大网下的一个独立的小网，与新疆主网只有为数不多的功率交换。石河子电网是一个以火电为主的电网，水电装机为 115MW，分布在玛纳斯河上，即红山嘴电厂的一至五级共五座径流式梯级电站，均不具备系统调峰能力。火电厂主要有石河子东、西、南三座热电厂及一些企业自备电源。系统电源结构不优、供电能力不足、调峰能力缺乏，对地区经济发展不利。

肯斯瓦特水利枢纽工程设计水平年为 2020 年，电站供电范围是整个石河子地区电网。经过水利动能计算，肯斯瓦特水库电站保证出力 9MW，多年平均年发电量 2.72 亿 kW·h，虽然电能总量有限，但可以通过合理调度，使其在电力系统中充分发挥作用，其容量效益不容忽视。因此确定本电站参与电力电量平衡时遵循以下原则：①充分发挥水库电站在系统中的调节作用，承担系统的调峰、调频及部分事故备用，按照日保证电能高效运用原则，尽量提高装机容量。②利用

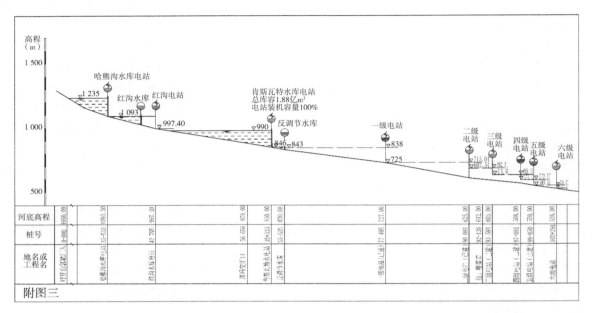

图7 流域水电梯级开发示意

水电站开启灵活的优点，担任系统负荷备用和事故备用任务。详见图8。

通过技术经济比较，推荐肯斯瓦特水电站装机容量为100MW，夏季和冬季均可在系统峰荷位置运行，实际运行效益显著。另外，通过水库的补偿调节作用，还可以提高已建的红山嘴电厂一到五级引水式水电站的保证出力，新增发电量0.95亿kW·h，龙头水库作用充分显现。

4.6 工程任务排序和效益分析

4.6.1 肯斯瓦特水库的任务

肯斯瓦特水利枢纽工程的任务是在设计水平年2020年满足流域防洪、灌溉供水和水力发电的综合要求，具体任务如下：

——将50年一遇洪峰削减至500m³/s以下，将玛河下游红山嘴—夹河子的防洪标准由5~10年一遇提高到50年一遇。

——在提高南部灌区灌溉保证率的基础上，使全灌区316.30万亩耕地的灌溉供水达到设计保证率的要求。

——解决石河子电网2020年的发电调峰的部分需求，并与其他电源相配合共同维持石网的电力电量平衡。

工程任务排序体现了先除害再兴利的安全原则，为枢纽工程综合效益发挥奠定了基础（图8）。

4.6.2 肯斯瓦特水库工程的效益

肯斯瓦特水利枢纽工程的效益主要包括防洪、灌溉及水力发电效益。其中防洪效益是公益性的，灌溉属于准公益性的，工程运行期管理费只能从水电站发电收益中提取，采用"以电养水"方式实施管理。

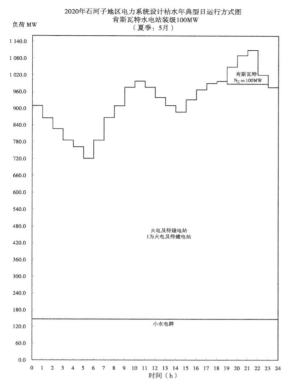

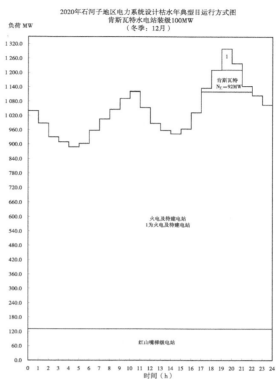

图 8　水电站典型日运行方式示

4.6.2.1　防洪减灾效益

玛河夏季洪水既是主要的水源，也是年年必须应对的水害，自 1957 年以来，流域各方几乎年年都有洪灾受损记录。20 世纪 90 年代后，玛纳斯河明显进入多水期，1996 年肯斯瓦特水文站实测洪峰流量为 735m³/s，1999 年实测洪峰流量高达 1 095m³/s，农田村庄被淹，通信及交通中断。1994 年、1996—1999 年是玛纳斯河洪水灾害比较严重的 5 年，洪灾损失一次高于一次，给流域的经济发展带来很大的困难，其洪灾损失和抢险抗洪费用见表 4-17。

表 4-17　玛河流域 1994—1999 年洪灾损失统计*　　　　　　　　　　单位：万元

年　份	洪水频率	直接损失	间接损失	抢险费用	合计
1994			2 000	200	2 200
1996	20 年一遇	25 000	7 500	380	32 880
1997		270		32	302
1998		240		45	285
1999	50 年一遇	81 000	15 000	560	96 560

本次防洪效益估算根据历年来洪灾损失调查资料及肯斯瓦特水库在流域防洪中的作用进行分析。据近几年出现的 20 年一遇和 50 年一遇的洪灾损失统计资料，洪灾损失按加权平均计算，年平均直接洪灾损失达 6 600 万元，考虑项目建设期有 1% 年损失增长率，则年平均防洪减灾效益为 6 936 万元。

4.6.2.2 灌溉效益

（1）南部灌区改善供水增产效益

通过水库调节作用，增加南部灌区春、夏季有效供水，使南部灌区 114.8 万亩农田灌溉保证率由不足 45% 提高到 75%，改善供水条件产生的增产效益。按照南部灌区各类作物面积、增产幅度、产品价格计算增产效益，然后按照水利贡献率 60% 核算至本工程，此部分增产效益为 10 159 万元/年。

（2）南部灌区新增高效节水附加增产效益

根据工程规划，随着南部灌区灌溉条件改善，到 2020 年高效节水灌溉面积将达到 39.12 万亩，常规地面灌面积为 75.68 万亩，南部灌区灌溉水平在上一个新台阶。其中 39.12 万亩高效节水灌溉农田的供水保证率由地面灌的 75% 进一步提高到 95%。在高效节水模式下，农田中的毛渠和农渠两级渠道被滴灌带和管道代替，土地利用率增加 10% 以上，亩均用水和用肥降低 30% 以上，通过精准施肥、适时用药，棉花和果园等主要作物单产相比地面灌又有所增加。此项增产效益是由于水库工程和灌区高效节水投入共同作用的结果，增产效益分摊系数按水因子分摊系数 0.6 和水库供水保证率提高 20% 共同作用下，给本工程的分摊系数按照 0.12 计算，此部分增产效益为 1 160 万元/年。

4.6.2.3 发电效益

肯斯瓦特水电站装机容量为 100MW，设计年发电量为 2.72 亿 kW·h。同时经过水库的径流调节，可以提高下游一至五级引水式梯级电站的保证出力，可增加年有效电量为 0.95 亿 kW·h，若按照 60% 分摊给本工程，40% 计入下游梯级电站，则本工程新增发电量 3.25 亿 kW·h，按上网电价 0.28 元/kW·h 计算的年效益为 9 100 万元。

第 5 章　枢纽工程设计关键技术研究

5.1　防洪标准研究

在玛纳斯河上修建大型山区拦河水库，防洪安全是流域内各方高度关切的问题之一，有人形容是"在石河子垦区头上顶着一盆水"，一旦溃坝后果不堪设想。因此仅仅研究清楚玛河洪水特征远远不够，还必须更加准确量化预测不同频率的洪峰、洪量及峰形，为水库设计提供可靠资料。

（1）实测洪水资料

玛河自 1952 年开始，共设水文站七处，其中肯斯瓦特站是玛河上的控制测站，1955 年 5 月设立，控制集水面积 4 637km²，测验断面比较规整，河床稳定，控制条件良好。具有多年连续观测资料，均经过水文水资源局的整编和审查，精度可靠。拟建的肯斯瓦特水利枢纽位于肯斯瓦特水文站上游约 3km 处，区间无支流汇入，可以直接引用。

（2）历史洪水调查资料

对玛河上的历史洪水，铁道部第一设计院、自治区公路局、新疆农垦总局设计院都先后进行过调查考证，留下了宝贵的资料，其中 1980 年农垦总局设计院的调查报告总结吸收了历次调查成果，具有权威性，且资料保存完整。调查成果见表 5-1。

表 5-1　玛河干流历史洪水调查成果　　　　　　　　　　单位：m³/s，年

序位		1			2	
洪峰与重现期		1906 年			1940 年	
站名	洪峰	重现期	资料评价	洪峰	重现期	资料评价
煤窑	1 030	100	供参考	866	50	可靠
肯斯瓦特	1 600	100	供参考	1 320	50	可靠
红山嘴	1 750	100	供参考	1 440	50	可靠
序位		3			4	
洪峰与重现期		1923 年			1931 年	
站名	洪峰	重现期	资料评价	洪峰	重现期	资料评价
煤窑	＞607		较可靠	607	25	可靠
肯斯瓦特	＞810		较可靠	810	25	可靠
红山嘴	＞870		较可靠	870	25	可靠

上述三次历史洪水调查，均是针对洪峰流量进行的，其后再也没有开展过历史洪水调查工

作。肯斯瓦特水利枢纽工程论证已是 2005 年，年代久远且河道变化较大，再次调查已不可能，只能综合分析引用前人成果。

（3）"99·8"洪水情况

1999 年夏，天山北坡诸河普遍发生了特大洪水，玛河也相应出现了有实测记录以来的最大洪水过程，肯斯瓦特水文站测得洪峰流量 1 095m³/s。对于该场洪水，水文部门对其重现期确定持慎重态度。

（4）水库设计洪水确定

在洪水分析中，根据实测和调查历史洪水等不同情况，对肯斯瓦特站的设计洪水进行了不同方法的分析比较，从安全第一角度，选定肯斯瓦特水库设计所采用的洪水系列。

根据肯斯瓦特站的峰、量关系，对 1906 年和 1940 年历史洪水各时段洪量进行了插补，结果见表 5-2。

表 5-2　肯斯瓦特断面历史与实测特大洪水峰、量统计 *　　　　单位：m³/s，10⁶m³

时　段	洪　峰	24h 洪量	三日洪量	七日洪量	十五日洪量
1906 年	1 600	89. 47	196. 61	354. 98	670. 26
1940 年	1 320	74. 52	165. 70	302. 15	571. 25
相关系数		0. 912	0. 888	0. 876	0. 872

＊数据引自《肯斯瓦特水利枢纽工程可研报告》（2009 版）。

选定四种方法分别进行频率分析，对设计的洪峰和洪量进行比较。

方法一：以 1953—2007 年实测系列（含缺测插补值）做常规分析。

方法二：加入 1940 年历史洪水并做特大值处理，重现期定为 100 年。

方法三：把 1940 年和 1999 年洪水均做为特大值处理，重现期分别定为 100 年和 50 年。

方法四：将 1906 年、1940 年的历史洪水都加入，与 1999 年洪水的排位分别为第一、第二和第三，重现期分别定为 100 年、50 年和 30 年。

从结果看，前三种方法的设计值差值不大，但是第四种方法的计算结果较前三种方式设计值大。从工程安全角度考虑我们选择方法四的结果进行肯斯瓦特水利枢纽工程设计洪水计算。

肯斯瓦特水库工程等别为二等，工程规模属大（2）型，主要建筑物级别为 1 级（土石坝超过 90m），永久性水工建筑物正常运行洪水标准重现期为 500 年，非常运行洪水标准重现期为 5 000 年。在典型洪水过程线的选择时，一是考虑实测过程完整、精度较高，二是考虑代表性，三是考虑对水库工程威胁较大三个因素。通过对肯斯瓦特 50 多年实测洪水过程线的分析，发现 1996 年洪水峰高量大、历时长，具有玛河洪水的典型性和特性，选择这场洪水作为典型洪水过程。

（5）下游防洪安全泄量的确定

肯斯瓦特水库是具有防洪任务的水库，下游重点防洪保护对象是石河子市及国家级开发区，国标规定的防洪标准是 50 年一遇；其所在河段为红山嘴渠首至夹河子水库河段西岸。经过实地测绘和分析计算以及多年防洪经验，控制性河段已建堤防可以防护的洪水流量为 370m³/s，因此，肯斯瓦特水库防洪调度应以完成此项任务为标准，设定 50 年一遇情况下的泄洪流量限制值。

根据防洪工程体系来看，水库下游的一、二级电站均设有拦河引水枢纽，发电引水流量为 60m³/s，所引水量可以通过东岸大渠直接送往灌区，实际具有分洪作用；而且两座渠首的设防标准均为 1 000 年一遇，可以与水库一起承担防洪任务。同时红山嘴渠首作为灌溉引水枢纽，其设防标准也是 1 000 年一遇，通过东岸大渠也可以起到分洪作用，分洪流量与水电站流量组合不能大于 105m³/s，因此在红山嘴断面来水小于 475m³/s 时是安全的。考虑到肯斯瓦特水库至红山嘴之间长度近 30km 河道对洪峰的坦化作用，确定水库在 50 年一遇洪水调节时按照 500m³/s 控制下泄，基本可以保证下游防洪安全。

5.2　大坝抗震安全研究

5.2.1　地震危害及地震研究方法

地球上的地震活动史，远比人类历史长得多，人类对地球演变及地震活动规律一直在探索，近百年来，形成了断层破裂说、板块运动说、岩浆作用说、地球自转变速说等观点，但每一种学说都有解释不了的特殊地震，可见地震的成因非常复杂，人类尚在不断认识之中。

根据当前的认知水平，地震的类型一般包括火山地震、陷落地震、构造地震、诱发地震。其中构造地震占绝大多数，而且发生频繁，影响范围大，破坏程度大，如 1976 年唐山地震、2008 年汶川地震都造成惨重灾难。地震分布规律研究目前主要依靠统计分析方法，世界范围的研究发现，地球上的地震主要分布在两大地震带，一个是环太平洋地震带，另一个是中亚地中海地震带，而我国正处于两大地震带中间，是一个多地震的国家，历代史书均有记载。国家地震局根据历史地震资料编制的《中国地震动参数区划图》将中国划分为 6 个地震区、23 个地震带，按照 50 年超越概率 10%标准给出基本烈度地震动参数值，并定期更新，用于指导全国抗震设防工作，国家为了抗震安全，在全国范围内建立了地震观测台网，监视发震构造、监测地震波动、开展地震预测预报。

强烈地震发生时，地裂、塌陷、山体崩塌、山体滑坡、地基液化、地震泥石流、地震堰塞湖等现象纷纷出现，轻则导致水工建筑物出现变形影响正常工作，重则导致空口无法开启，以及堤坝裂缝渗水、震陷漫顶、失稳滑坡、涌浪漫顶等灾害，一旦形成溃坝，损失无法估量。

因此，工程抗震安全，一直是水利工程决策中优先考虑的因素之一。水利行业对大坝等高耸建筑物的抗震安全提出了非常严格的要求，不仅根据建筑物类型分类提出指导意见，而且要求工程规模越大，对工程所在区域的发震构造背景和地震危险性研究要更加深入，并经由各级地震局审查确定地震动参数，以确保将震害风险控制在允许程度。目前，国内外强震区新建大坝的抗震研究，主要从以下几个方面展开。

第一，工程选址要躲避或尽量远离活动发震构造，将工程建在相对稳定地块上，"抗震而不抗断"，这就需要准确找到危险源，工程所在区域构造研究必不可少。

第二，要充分预测地震对工程场地的影响程度，确定合适的地震动参数，并根据实测地震波形开展设计地震反应谱模拟，为试验和计算创造条件。

第三，开展筑坝料动力试验，了解其动力特性并取得相关参数；选择合适的计算模型开展数值模拟计算，分析应力应变状况，据此验证或优化大坝体型。

第四，充分利用国内外同类大坝运行监测数据特别是地震工况下数据，修正和复核数值分析结果，开展类比分析。

第五，根据工程抗震经验，采取必要的附加抗震措施。

5.2.2　区域地质概况

流域位于北天山依连哈比尔尕山麓北坡和准噶尔盆地南缘，区内受南北向主压应力作用，形成东西向展布的北天山纬向构造体系，这些东西向构造控制着北天山和准噶尔盆地南缘的地形地貌、地层岩性、地质构造和地震活动情况，在经历多期次构造运动后，形成现在山区与盆地分带明显的地貌形态。

5.2.2.1 地形地貌

（1）侵蚀构造中山—高山区

分布于哈熊沟以南的依连哈比尔尕山山区，属断褶隆起高山区。海拔高程 3 500m 以上山体为积雪区，分布现代冰川。发源于该区的玛纳斯河近南北流向，河谷呈"V"形，切割深度 500m 以上，现代河床宽 50~80m。

（2）侵蚀构造低—中山区

为准噶尔盆地南缘玛纳斯坳陷带南侧断褶隆起的山地，山顶多被第四系上更新统黄土覆盖，呈现二级夷平面，河谷呈"V"形或"U"形，河谷切割深度 150~200m，现代河床宽 80~120m。肯斯瓦特水利枢纽工程就位于该地貌单元中。

图9　侵蚀构造低—中山区

（3）山间洼地

为准噶尔盆地南缘玛纳斯坳陷带中部低洼地带（山间凹陷），呈东西向展布，宽约 15km，海拔高程 800~1 100m。玛纳斯河在该段河谷呈"U"形，河谷切割深度 100~120m，现代河床宽 150~300m。

（4）侵蚀构造低山区

为准噶尔盆地南缘玛纳斯坳陷北部，为断褶隆起山地，山势较缓，海拔高程 600~1 300m，相对高差 100~120m，为玛纳斯坳陷的北缘。玛纳斯河在该段呈南北流向，河谷呈宽阔"U"形，河谷岸坡较缓，现代河床宽 200~300m。

（5）山前冲洪积倾斜平原区

该区地形较为平缓，海拔高程 250~600m，为一串由南向北倾斜冲洪积扇相连的倾斜平原区，呈东西向展布，为玛纳斯河冲洪积平原区，是石河子、沙湾县、玛纳斯县绿州区。

5.2.2.2 地层岩性

泥盆系、石炭系、二迭系、三迭系的古老地层分布在工程区南部高山区，岩性复杂；侏罗系头屯河组、齐古组和喀拉扎组是组成肯斯瓦特水利枢纽上坝址库盆的主要地层，岩性多为泥岩、泥质粉砂岩、砂岩；白垩系清水河组、呼图壁河组、东沟组的砾岩、砂岩与泥岩为上坝址枢纽区和下坝址库区主要地层；第三系褐红色泥岩夹灰绿色泥质粉砂岩为下坝址枢纽区主要地层；第四系下更新统西域组砾岩为一套山麓河流相粗碎屑沉积，岩性为灰白色、浅棕红色单一砾岩层，泥砂质胶结，局部为钙质胶结，构成洼地向斜核部地层；中更新统冲积为黄褐色、灰白色漂卵砾石层，厚度变化较大，一般 8~10m，主要分布在河流 V ~ Ⅵ 级阶地上；上更新统冲积为灰白色、青灰色漂卵砾石层，主要分布在河流 Ⅱ ~ Ⅳ 级阶地上，或山前冲洪积平原下部；上更新统风积为浅黄色或土黄色粉土，主要分布在低中山区山顶或北坡、河流 Ⅱ 级以上阶地表层及山间洼地中，构成黄土地貌形态；全新统冲积为青灰色漂卵砾石层，厚度 1~3m，主要分布在现代河床、河漫滩和 Ⅰ 级阶地上；全新统洪积为杂色含碎石、块石砂土层，主要分布在各冲沟口洪积扇区，洪积物颜色主要与冲沟中基岩岩性一致，厚度随洪积扇变化。资料表明，肯斯瓦特工程处于软岩地质环境中。

5.2.2.3 地质构造

工程区位于准噶尔—北天山褶皱系的山前坳陷区，北天山沿准噶尔南缘断裂（F₃）继续由南向北逆冲推覆，使得准噶尔盆地南缘中新生界地层发生褶皱、断裂等构造形迹，其构造形迹明显继承了北天山东西向构造线方向，形成南以准噶尔南缘断裂为界，北侧则以一系列由新生代地层组成的东西向展布的短轴背斜及其北翼压性断裂为界的玛纳斯坳陷，肯斯瓦特水利枢纽工程区就位于玛纳斯坳陷带中。测区内主要地质构造单元可分为依连哈比尔尕复背斜构造带和玛纳斯坳陷带，根据工程区所处区域构造背景，主要构造形迹为一系列近东西向展布的褶皱和断裂，详见图 10 和图 11。主要构造分述如下。

（1）依连哈比尔尕复背斜

复背斜由中泥盆统、中石炭统和上二迭统组成，复背斜轴向为北西西~南东东向 300°，呈条带状近东西向展布。南侧以博罗霍洛断裂（F₁）为界与博罗霍洛复背斜分界，北界以天山北缘大断裂为界（F₃）与玛纳斯坳陷相临，中泥盆统与中石炭统以精河—阿什里断裂（F₂）为界呈断层接触关系，主要断裂构造形迹分述如下：

博罗霍洛断裂（F₁）：该断裂位于工程区以南依连哈比尔尕山脉山脊一带，为博罗霍洛复背斜和依连哈比尔尕复背斜的分界断裂，南部为天山褶皱系，北部为北天山褶皱系，延伸长 770km。沿断裂呈线状分布一系列的泉水，断裂控制了区内花岗岩体的分布。该断裂在奎屯河上游出露点，错断Ⅳ级阶地上更新统砾石层。据地震局资料，断裂错断Ⅰ、Ⅱ级阶地，1944 年在哈夏特，该断裂发生 7.2 级地震，表明该断裂为全新世仍在活动的断裂。该断裂距工程区约 55km。

精河—阿什里断裂（F₂）：该断裂位于工程区南部依连哈比尔尕山北坡，为泥盆系与石炭系的分界线。断裂总体走向北西西向，倾向南西，倾角 65°~85°，延伸长 310km。断裂破碎带宽 300~400m，由断层泥、糜棱岩和断层角砾岩组成，以压性为主兼扭性（右旋）。该断裂西端在古尔图河山口处与准噶尔南缘断裂（F₃）相接，构成"入"字形构造，将准噶尔南缘断裂顺扭错断。据新疆地震局资料，断裂附近Ⅳ级阶地上更新统砾石层受断层错动反向倾斜，在奎屯河上游断层露头可见断层带中夹砾石。

1995 年 5 月 2 日在乌苏南，沿断裂带发生 5.8 级地震，表明全新世以来断裂仍在活动，该断裂距工程区约 30km

准噶尔南缘断裂（F₃）：该断裂为天山北缘断裂，其南侧为依连哈比尔尕复背斜带，北侧为玛纳斯坳陷带，近东西向呈折线状沿天山北缘延伸，长度约 245km。断裂总体走向为近东西向，倾向南，倾角约 70°。断裂在宁家河露头二迭系逆冲到侏罗系上，在清水河露头可见石炭系与侏罗系逆冲，侏罗系发生扰曲变形。该断裂在奎屯河附近构造形迹明显，在奎屯河新龙口处可见露

图10 区域构造纲要

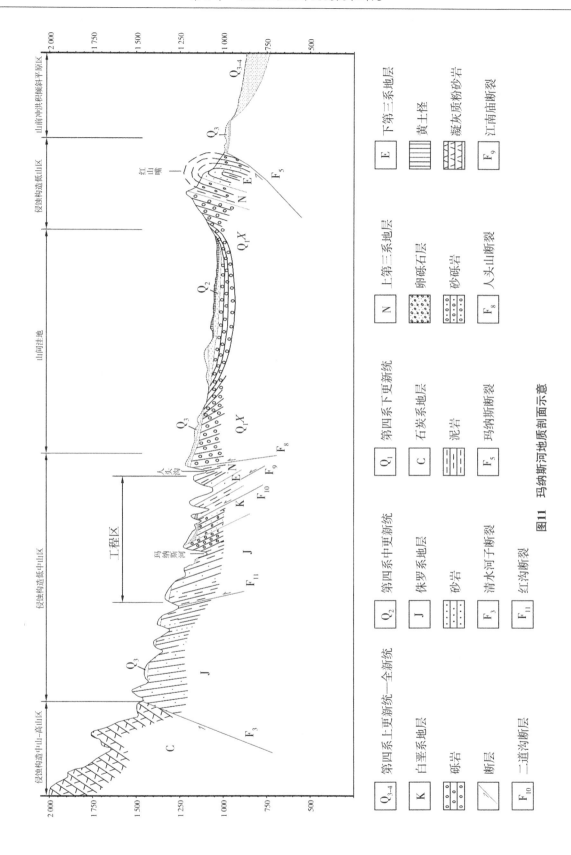

图11　玛纳斯河地质剖面示意

头，在奎屯河以西受北西向断裂构造顺扭，断裂破碎带宽度 150~200m，由压碎岩、糜棱岩、断层泥等组成，压性为主兼扭性（右旋），该断裂在奎屯河西岸温泉一带，错断全新世形成的小冲沟，形成 1m 高的断层崖。据新疆地震局资料，1906 年玛纳斯 7.7 级地震的极震区就落在该断裂附近，沿断裂常有弱震及 5 级地震发生，形变测量该断裂现今仍有活动，表明该断裂为全新世以来仍在活动的断裂。该断裂距工程区约 12km。

（2）玛纳斯坳陷带

玛纳斯坳陷南以准噶尔南缘断裂（F_3）为界，北侧以一系列由新生界组成的东西向展布的短轴背斜及北翼压性断裂（F_4、F_5、F_6、F_7）为界，除坳陷带两侧边界断裂，在坳陷带内部还发育一组东西向次级的压性断层（F_8、F_9、F_{10}、F_{11}）。该坳陷沿准噶尔南缘呈东西向分布，东起乌鲁木齐，西至乌苏，在玛纳斯河流域最为发育，坳陷带宽 40~50km，沉积巨厚中~新生代陆相碎屑堆积物。总构造线方向为北西西~南东东或近东西向，在区域南北向主压应力作用下，北天山向北逆冲推覆，使得玛纳斯坳陷中、新生界发生强烈褶皱隆起，发育一系列东西向短轴背斜、鼻状背斜构造，并在北缘形成吐谷鲁断裂（F_4）、玛纳斯断裂（F_5）、霍尔果斯断裂（F_6）和独山子—安集海断裂（F_7）等呈雁行排列的断层构造，由这排断裂与山前冲洪积平原分隔。这些构造形迹明显继承了北天山东西向构造线方向，也表明玛纳斯坳陷在构造活动中，有继续向北推覆的迹象。该构造单元中的主要发震构造有：

吐谷鲁断裂（F_4）： 该断裂位于工程区东北部，沿吐谷鲁山北缘近东西向延伸，长约 45km，断层产状：280°SW∠42°~60°，断层破碎带宽 0.5m，主要由断层泥组成，为压性，上盘泥岩、砂岩受断层活动牵引挠曲，呈倒转背斜。该断层在大西沟河和呼图壁河出山口错断河谷阶地、冲洪积扇，地表形成断层崖，表明晚更新世晚期以来仍在强烈活动，距枢纽区 50km。

玛纳斯断裂（F_5）： 该断层位于工程区北部，沿北阳山北缘近东西向延伸，全长约 50km，断层产状：285°SW∠35°~65°，主断面破碎带宽 1m，主要由断层泥组成，为压性。该断层贯穿整个玛纳斯背斜，背斜倒转，背斜轴部破坏严重。在玛纳斯河三级电站附近断层错断上更新统（Q_3^{al}）砂砾石层及上更新统（Q_3^{eol}）黄土层，并在至玛纳斯河左岸高台地上形成横向（垂直河流走向）阶地，高差约 10m，为晚更新世以来仍在活动断层，北距工程区约 25km。

霍尔果斯断裂（F_6）： 该断层位于工程区西北，沿霍尔果斯山北缘近东西向延伸，长约 35km，断层倾向南，倾角 60°~80°，断层破碎带宽 0.1~0.2m，主要由断层泥组成，断面可见垂直擦痕，为压性断层。上盘泥岩、砂岩受断层活动牵引挠曲，呈倒转背斜，沿断层带有温泉和泥火山分布。在金沟河和宁家河出山口处，受断层错动影响，可见上更新统砂砾石层挠曲，断层南北两侧黄土厚度 5~10m，而在断层变形带黄土变薄仅 0.5~1.0m，表明该断层在晚更新世晚期仍在活动，该断层距工程区约 30km。

独山子—安集海断裂（F_7）： 该断层位于工程区西北部，沿独山子山和安集海山北缘呈东西向展布，长约 55km。断层走向近东西向，倾向南，倾角 20°~60°，主断面宽 0.3~1.0m，由断层泥、糜棱岩组成，压性。在奎屯河老龙口处，Ⅱ级阶地陡坎上，可见上新统独山子组泥岩、砂岩逆掩到上更新统卵砾石层之上，独山子区冲洪积扇受断层影响，上更新统冲洪积砂卵砾石扰曲变形。据地震局 1995—1997 年对该断层进行高精度 GPS 变形测量结果，断层活动速率 0.4~0.5mm/a，断层错断最新的砂砾石层年龄为 3.53KaBP。表明该断层为全新世以来的活动断层，该断层距工程区约 80km。

5.2.2.4　地震与区域构造稳定性

（1）地震活动

工程区位于北天山地震构造带中段，区内新构造运动强烈，沿活动断裂的造山运动是该区发生地震的主要因素，该地震带内地震以浅源地震为主，具有强度大、频率高、原地重复较多、发震构造相同的特点。

据历史地震记载，工程区 300km 范围内，发生 Ms≥4.7 级以上地震 181 次，其中：8 级以上地震 3 次，7.0~7.9 级地震 7 次，6.0~6.9 级地震 29 次。据新疆地震台网 1970 年到 2000 年测观记录，区内 M≥5.0 级地震 9 次，4.0~4.9 级地震 44 次，3.0~3.9 级地震 257 次。地震震源深度一般在 10~35km，以浅源地震为主。

北天山地震带地震活动主要与天山造山运动有关。根据 2000 年新疆地震局自然灾害防御研究所对肯斯瓦特水利枢纽工程区 150km 范围进行的地震危险性分析成果：

——区内中强以上地震（Ms≥5.0 级地震）共 49 次，其中：1906 年玛纳斯 7.7 级地震距工程区约 25km，对工程区的影响烈度为Ⅷ度；1965 年 11 月 23 日乌鲁木齐 6.6 级地震距工程区约 150km，对工程区的影响烈度为Ⅵ度；1995 年 5 月 2 日乌苏 5.8 级地震距工程区约 80 多 km，对工程区的影响烈度为Ⅳ度；1996 年 1 月 9 日沙湾南 5.6 级地震距工程区约 36km，对工程区的影响烈度为Ⅵ度；历史地震对工程区的最大影响烈度为Ⅷ度。

——坝址 25km 范围内的近场区，自 1970 年有地震台站记录以来，共发生 Ms≥2.0 级地震 133 次。呈东西向带状或团块状分布，表明地震活动受区域构造控制及重复发震的特点。

——研究区区域地质环境较为复杂，新构造运动强烈，有发生强震的深浅部构造环境。研究区可能发生 7 级以上地震的断裂构造为博罗霍洛断裂、准噶尔南缘断裂和精河—阿什里断裂；可能发生 6.0~6.9 级地震的断裂有玛纳斯坳陷北界独山子——安集海断裂、霍尔果斯断裂、玛纳斯断裂和吐古鲁断裂，玛纳斯坳陷中部次级断裂江南庙断层第四系晚更新世活动强烈，曾有 5 级地震发生。

——根据研究区及近场区地震构造研究结果，枢纽区处于 6.5 级潜在震源区。

（2）区域构造稳定性评价

区内历经多期次构造运动，大的褶皱轴向和断裂走向均表现为东西向；同时，从区域地震活动情况分析，该区地震活动也受东西向区域性活动断裂控制，区域稳定主要受东西向断裂构造的活动影响。

肯斯瓦特水利枢纽拟选两个坝址，均位于玛纳斯坳陷区中部，相距 3km，在南北挤压应力场作用下，沿北缘边界断裂向北推覆，南北两侧边缘构造活动强烈，工程区属区域构造稳定性较差地区。

据《中国地震动参数区划图》（GB 18306—2001），枢纽坝址区地震动峰值加速度 0.30g，反应谱特征周期 0.40s（相应地震基本烈度为Ⅷ度）。据 2005 年新疆自然灾害防御研究所对工程区场地地震安全性评价报告的结论：用概率分析方法求得坝区 50 年超越概率 63%、10%、2% 及 100 年超越概率 2% 对应的基岩峰值加速度见表 5-3。

表 5-3　坝区不同超越概率与基岩峰值加速度 *

超越概率水平	63%/50	10%/50	2%/50	2%/100
术语定义	多遇地震	基本地震	罕遇地震	极罕遇地震
基岩峰值加速度（gal）	79.6	250.9	393.5	471.2

*引自《肯斯瓦特水利枢纽工程地震安全评价报告》。

5.2.3　工程区地震背景及发震构造研究

肯斯瓦特水利枢纽工程处于天山地震区、北天山地震带，此地震带曾发生 7~7.9 级地震 4 次、6~6.9 级地震 11 次、5~5.9 级地震 54 次，属强震频发区。

主要发震构造大致都呈现东西走向，与天山山脉走向一致，在工程区南部有乌鲁木齐山前凹陷带的博罗霍洛断裂，东西长 770km，1944 年曾发生 7.2 级地震，北距工程区约 55km。精河—阿什里断裂，东西长 310km，1995 年曾发生 5.8 级地震，北距工程区约 30km。准噶尔南缘断裂，又称清水河子断裂，长度约 520km，1906 年曾发生 7.7 级地震，沿断裂常有弱震及 5 级地震发生，北距工程区约 12km。在工程区北部有玛纳斯断裂等较小规模的断裂，长度均在 50km 以内，距工程区不超过 50km。

根据国内外资料综合分析的断层长度与震级关系的经验公式：$M = 6.7 + 0.17\ln L$，其中 L 为断层长度。据此复核以上断层的震级数据，清水河子断裂为 7.8 级，吻合较好，说明此断裂最大可能地震已经发生过。但 310km 长的精河—阿什里断裂，计算值为 7.6 级，具有发生更大地震的可能。天山山地为断层褶皱山系，聚集能量巨大，根据前人总结，震级每提高一级，地震释放能量将扩大 31.5 倍，按照 7 级还是 8 级地震设防，对工程投资影响巨大。因此确定潜在地震危险级别，需要非常慎重。

根据新疆生产建设兵团勘测设计院开展的近坝区活动断裂调查和自治区地震局防御自然灾害研究所共同研究分析，确定工程所在区域地质环境较为复杂，新构造运动强烈，有发生强震的深浅部构造环境；可能发生 7 级以上地震的断裂构造为博罗霍洛断裂、准噶尔南缘断裂和精河—阿什里断裂；可能发生 6.0~6.9 级地震的断裂有玛纳斯坳陷北界独山子—安集海断裂、霍尔果斯断裂、玛纳斯断裂和吐古鲁断裂；综合评价枢纽区处于 6.5 级潜在震源区；枢纽坝址区地震基岩动峰值加速度 0.30g，反应谱特征周期 0.40s（相应地震基本烈度为Ⅷ度）；用概率分析方法求得坝区 50 年超越概率 10%、2% 对应的基岩峰值加速度分别为 250.9、393.5gal，100 年超越概率 2% 对应的基岩峰值加速度达到 471.2gal。

经过水利部水规总院专家反复斟酌，确定按照 50 年超越概率 10% 水平的地震荷载设计，50 年超越概率 2% 水平的地震荷载复核，使工程抗震做到"多遇地震时正常，基本地震时可修，罕遇地震时不垮"。

5.2.4　水库诱发地震分析

水库蓄水后诱发地震的机制主要取决于库坝区区域构造背景，即库坝区有无活动断裂分布、活动断裂带内应力积累程度是否处于极限状态和库坝区构造的应力状态；同时在水库兴建后，水库增加的荷载效应和水文地质条件改变的效应，对库坝区附近活动断裂带内应力积累程度、所受构造应力状态的改变是否起触发作用。通过对这些相关因素的分析，来预测水库诱发地震的可能性。

分析一，肯斯瓦特水利枢纽水库区处于准噶尔南缘断裂（F_3）和玛纳斯断裂（F_5）两条活动断裂之间的低中山区，处于北天山地震带的中部，区域应力场主要为南北方向的挤压应力。根据库坝区构造背景，水库效应主要影响距水库较近的准噶尔南缘断裂（F_3）、玛纳斯断裂（F_5）和库坝区次级构造（F_8、F_9、F_{10}、F_{11}）。其中 F_8、F_9、F_{11} 虽距水库区较近，但未发现明显的第四系活动证据，水库蓄水对其影响不大；二道沟断层（F_{10}）处于水库区外，水库蓄水对其没有影响。

分析二，准噶尔南缘断裂（F_3）和玛纳斯断裂（F_5）两大断裂分布在水库外围，枢纽区北距准噶尔南缘断裂（F_3）12km，南距玛纳斯断裂（F_4）25km。水库蓄水后库水及渗水影响不到，蓄水后对两大断裂活动的影响主要是水库荷载增加的效应。根据地震机制结合区域压性结构面的分布规律判断，水库蓄水后对其边缘的 F_3、F_5 两断层的活动性不起促发作用。

分析三，孔隙水对断层面的物化作用最终会降低断面的抗滑力，库坝区次级构造第四系上更新统有活动迹象，河水及地下水对这些断面也长期作用。但断层发育在地层为白垩系和下第三系红色陆相沉积岩，岩体本身强度低，自身具有一定的自愈能力及可塑性，岩体透水性较差，隔水性好，断层带内亦为这类岩体受构造作用产生的构造岩，库水难以从此通道与深层发生作用，促发断层活动性的概率较小。

分析四，通过概率预测法分析，水库可能诱发地震的概率为 11%，水库蓄水后产生水库诱发地震的可能性较小。

通过上述分析，我们认为库区虽处于北天山地震带中，区域地质环境较为复杂，但组成库盆的的白垩系和第三系的软质岩体，地层完整，结构面不发育，对岩体弹性应变能的积累及瞬时释放起到抑制作用，水库蓄水后产生诱发地震的可能性较小。库区内没有大的区域性活动断裂通过，水库基本不具备诱发中强地震的条件。

5.2.5　工程抗震研究

（1）砼面板砂砾石坝坝料特性及大坝三维应力变形研究

本工程所在河段为白垩纪和第三纪地层，多为泥岩、泥质砂岩和粉砂岩，岩石饱和抗压强度普遍低于 15MPa，岩性较软，不适合做爆破堆石料。在枢纽区两岸基座阶地发育，阶地上广泛分布砂砾石，特别是右岸高平台发育有古河槽，砂砾石深度大、面积广、易于开采。经过大量现场坑、槽、硐勘探，现场大型筛分试验、渗透试验和取样室内试验，对储量、质量做了全面分析，完全满足筑坝要求。

筑坝材料采用砂砾石，因其具有开采方便、压实后孔隙率较低、变形模量大的优点，而被广泛使用。但由于砂砾石为天然沉积物，其级配受沉积环境影响，各地相差较大，常有级配间断现象，影响压实效果；同时由于磨圆度高，颗粒间咬合力较低，在低应力条件下强度小于堆石体；细颗粒较多时抗冲蚀能力差；且在施工时易出现颗粒分离等特点，所以工程在使用时常常需要考虑必要的保护，比如置于坝体内部用堆石体包裹以及在全断面使用砂砾石时设置坝体排水体和下游护坡等。本工程是全断面采用砂砾石的，其垫层区、过度料区、主堆石区、排水料区料来自天然料场直接开采或简易筛分获得，研究各个分区料设计级配下的压缩和强度特性，分析工程完建期和运行期安全非常重要。

因此在完成规范规定的坝体稳定分析计算的基础上，又委托中国水利水电科学研究院开展了"坝料压缩及强度特性试验研究"，在此基础上提出了《大坝三维应力变形计算分析报告》，对工程完建期和正常蓄水期的大坝应力变形进行了数值模拟分析。试验研究通过现场取料、按照设计级配线掺配试样、按照相对密度 0.85 控制试样干密度、使用直径 300mm 大型高压压缩仪、SJ-70 型大型高压三轴仪进行试验，获得压缩试验结果和强度指标，并给出了 EB 模型参数，作为工程完建期和正常蓄水期工况下大坝应力变形计算的依据。

试验表明，工程所用砂砾石料具有低压缩性、材料强度包线具有为非线性特征。三维应力变形计算结果显示：①坝体沉降最大值出现在 0+280 断面附近，竣工期沉降 0.92m，小于坝高的 1%；蓄水后，沉降增量在面板中部，最大 0.22m，坝体沉降最大值增至 0.98m，仍未超过坝高 1%设计料场。②坝体各位置应力水平较低，且分布相对均匀。③面板最大挠度 0.17m，最大压应力 8.57MPa。④面板周边缝最大开度 13mm，最大错切变形 20mm。综合评判，大坝应力变形分布符合一般规律，设计方案可以保证大坝安全。

（2）砼面板砂砾石坝坝料动力特性及坝体抗震研究

作为强震区高坝，砂砾石的动力反应特性和坝体抗震模拟研究十分必要。为此，委托中国水利水电科学研究院开展了"坝料的动力特性试验研究"工作，在此基础上提出了《大坝三维非线性动力反应分析与评价报告》，对大坝在遭受设计设防烈度和罕遇地震时的地震动力反应和安全状态进行模拟分析研究。在充分利用静力试验研究成果的基础上，借助 100T 大型动力三轴试验机，采用直径 300mm、高 750mm 的试样，正弦波激振，激振频率选用 0.5Hz 和 0.1Hz 创造动荷载环境，结合微小应变激光测试系统，研究大坝坝壳料、过渡料、垫层料和排水料在动力条件下的特性。通过动力试验，给出了四类坝料的最大动剪切模量与平均有效主应力的关系、动剪切模量比和阻尼比随动剪应变变幅变化的关系，摸清了动荷载作用下坝料的应力应变的非线性与黏滞性特征；通过多次加载，模拟相当于地震震级 7 级、7.5 级和 8 级情况下的等效振次，按照 12 次、20 次和 30 次对试验成果进行整理，给出了四类坝料的动力残余体应变和动力残余轴应变与振次以及动剪应力比的关系，为动力分析计算提供了必要的模型动参数值。

在研究清楚坝料的静、动力特性基础上，建立大坝动力计算三维有限元模型（真非线性模型），输入地震动峰值加速度及时程曲线，分析计算大坝遭遇 50 年超越概率 10% 和 50 年超越概率 2% 两种地震工况下的加速度反应、地震应力反应、面板应力和变形及接缝位移、地震残余变形、面板和坝坡的抗震稳定性，从而评价大坝设计断面的总体抗震安全性，才能最终确定大坝设计方案。计算结果表明：

——综合比较各类地震作用，整体效果而言，场地波作用下大坝的动力反应最大。

——从大坝的动力计算分析结果看，该坝的能够满足给定地震工况下的抗震安全性要求。

——从计算结果来看，大坝的表层放大效应较为明显，坝顶及坝顶附近坝坡区域的加速度反应是比较大的，按动力时程线法算得大坝上下游坝坡抗震稳定安全系数最小值接近 1，而且坝顶附近坡面出现单元抗震安全系数小于 1 的区域，存在地震作用下坝顶附近坡面局部动力剪切破坏和出现浅层局部瞬间滑移的可能性，但不会影响整体稳定。为确保工程安全，建议在上述区域采取适当的抗震加固措施。根据工程的实际情况，重点加强坝顶及下游坡面的抗震防护。

——地震作用下，面板动应力较大；静动力叠加后，面板在河谷中部出现了较大压应力，在面板周边部位出现了较大拉应力，而且拉应力区范围较广，因此应考虑在相应部位采取合理措施，以防止挤压破坏和因裂缝而形成的危害。

（3）联合进水塔抗震研究

肯斯瓦特水利枢纽工程的联合进水塔，包括发电引水塔和泄洪冲沙塔，两个塔肩并肩共用一个顶部平台，塔身间设有联系梁以增加侧向刚度。两个塔基联合开挖，塔身高度（从建基面到塔顶平台）分别为 57.5m 和 68m，均属于高耸建筑物，塔顶设有启闭设备和工作栈桥，是发电和泄洪水流控制的关键部位，它们的安全可靠是枢纽工程安全和流域防洪安全的重要保证。

为了保证工程安全，设计中采取了必要的措施，首先将塔基置于承载力为 3MPa 坚固完整的岩基上；然后对塔身外围因施工开挖形成的空腔采用混凝土回填至一定高度，并将回填混凝土锚固于岩体上，形成三面嵌固状态，减小塔身临空高度；在满足功能要求基础上，适当减薄上部断面壁厚，保证刚度，降低上部重量和地震惯性力；通过静力分析和拟静力法分析建筑物整体稳定和抗震能力；通过三维有限元动力分析复核地震工况下的应力应变状态，优化设计方案（表 5-4，表 5-5）。

表 5-4 基本地震工况大坝地震反应和评价结果 （250.5gal）

最大加速度反应 （m/s²）	顺河向	6.31 （放大倍数 2.52）	
	坝轴向	5.84 （放大倍数 2.33）	
	竖向	4.11 （放大倍数 2.46）	
堆石最大动剪应力 （kPa）		355.4	
面板最大动应力 （MPa）	坡向	动压应力	3.04
		动拉应力	2.78
	轴向	动压应力	3.07
		动拉应力	2.81
静动力叠加后面板 最大应力 （MPa）	坡向	压应力	10.86
		拉应力	1.46
	轴向	压应力	12.83
		拉应力	1.63
地震产生的周边缝最大位移 （mm）	张开	7.4	
	沉降	7.8	
	剪切	6.6	
静动力作用叠加后周边缝最大位移 （mm）	张开	18.3	
	沉降	17.5	
	剪切	14.4	
地震产生的垂直缝最大位移 （mm）	张开	5.2	
	沉降	4.4	
	剪切	4.8	
静动力作用叠加后垂直缝最大位移 （mm）	张开	11.2	
	沉降	9.8	
	剪切	10.3	
最大地震残余变形 （cm）	顺河向	向下游	18.5
		向上游	6.6
	坝轴向	左岸	13.2
		右岸	17.1
	竖向 （沉降）	53.1	
抗震稳定最小安全系数	面板 （空库）	动力时程线法	1.24
		动力等效值法	1.38
	下游坝坡	动力时程线法	1.19
		动力等效值法	1.33

*数据来自《肯斯瓦特水利枢纽工程大坝抗震分析报告》（中国水科院）。

表 5-5 罕遇地震工况大坝地震反应和评价结果（393.5gal）

最大加速度反应（m/s²）		顺河向	9.76（放大倍数 2.48）
		坝轴向	9.25（放大倍数 2.35）
		竖向	6.40（放大倍数 2.44）
堆石最大动剪应力（kPa）			487.8
面板最大动应力（MPa）	坡向	动压应力	4.35
		动拉应力	4.14
	轴向	动压应力	4.53
		动拉应力	4.27
静动力叠加后面板最大应力（MPa）	坡向	压应力	11.81
		拉应力	2.03
	轴向	压应力	13.55
		拉应力	2.41
地震产生的周边缝最大位移（mm）		张开	10.5
		沉降	11.3
		剪切	9.8
静动力作用叠加后周边缝最大位移（mm）		张开	21.3
		沉降	19.9
		剪切	17.8
地震产生的垂直缝最大位移（mm）		张开	7.1
		沉降	5.4
		剪切	6.9
静动力作用叠加后垂直缝最大位移（mm）		张开	12.6
		沉降	11.3
		剪切	11.2
最大地震残余变形（cm）	顺河向	向下游	28.2
		向上游	10.6
	坝轴向	左岸	18.1
		右岸	24.3
	竖向（沉降）		75.4
抗震稳定最小安全系数	面板（空库）	动力时程线法	1.11
		动力等效值法	1.23
	下游坝坡	动力时程线法	1.07
		动力等效值法	1.18

* 数据来自《肯斯瓦特水利枢纽工程大坝抗震分析报告》（中国水科院）。

其中联合进水塔的抗震分析研究成果，对设计方案起到了决定性作用。研究采用的设计地震荷载采用与大坝相同的地震概率水平和动参数，即 50 年超越概率 10%，250.5gal 和 50 年超越概率 2%，393.5gal。主要研究内容包括两大部分：一是发电进水塔结构的应力、位移及稳定性评价；二是泄洪进水塔结构的应力、位移及稳定性评价，以及塔周边回填混凝土高度对闸井抗震性能的影响。具体步骤及方法如下。

——根据塔的设计体型和地基参数，建立三维整体模型，并采用 ANSYS 大型通用有限元软件进行静力工况有限元计算，复核闸井结构的应力、位移分布规律，校核结构的强度安全性。

——采用振型分解反应谱法进行动力有限元计算，分析塔井结构的自振频率、振动周期和各阶振型，先分析地震单独作用下的结构动效应，然后进行动静力叠加，评价动力工况下的强度安全性。

——采用 2 条地震波进行时间历程分析，对应力、位移进行评价。其中 1 条为类似场地地质条件下的实测加速度记录，另 1 条是以反应谱为目标谱的人工生成模拟地震加速度时程。

——根据塔井各种工况下的静动力有限元计算成果，综合评判建筑物抗震安全性。

研究结果表明设计体型满足各种工况下的抗震安全要求，局部部位需要加强配筋，回填混凝土高度基本合适。

（4）近坝区库岸抗震研究

分布于坝址区左岸坝顶以上的 V 级阶地前缘岸坡和坝址右岸 IV 级阶地前缘岸坡，岩性以中更新统—上更新统冲积砂砾石为主，由胶结砂砾石（下部）和松散砂砾石（上部）两层构成，散体结构。左岸 V 级阶地坝肩区域，分布高程 1 010～1 120m，边坡高度 80～120m，胶结层自然坡度 75°～80°，局部近直立，松散层自然坡度 30°～40°，表层植被较发育；右岸 IV 级阶地及洞室进出口上方区域，分布高程 990～1 020m，边坡高度 25～30m，胶结层自然坡度 75°～85°，松散层自然坡度 60°～75°。由于边坡前缘陡直，受水冲、风蚀等自然因素影响，边坡前缘出现纵向垂直裂隙，张开度 1～1.5m，局部已产生塌落掉块现象，对建筑物安全有较大影响，对该边坡进行稳定分析，对工程安全至关重要。

其中右岸阶地砂砾石层几乎直立，顶部高程距离坝顶仅 30 米左右，在施工过程中有取料筑坝和古河槽防渗开挖要求，可以提前清理，不会危及大坝安全。但左岸砂砾石位置较高，不受水库蓄水影响，但存在卸荷裂缝和冲蚀现象，如削坡处理，工程量巨大且交通困难。为此需要研究其抗震稳定性以及不处理有可能产生的安全风险（图 12）。

图 12　左岸高边坡地貌

　　为此，开展了专项地质勘查和分析计算，勘查主要采取碉探和地表地质测绘，勘探发现，阶地砂砾石下部胶结强度较高，没有地下水分布，上部砂砾石表面有暴雨融雪冲蚀，表层卸荷裂缝较浅，失稳形态以剥落和散落为主，不会产生大体积滑坡和跌落导致坝前涌浪。通过选取典型断面，采用拟静力法进行边坡稳定分析，设计地震条件下的抗滑稳定安全系数满足要求。另外，考虑到此边坡曾经历过 1906 年 7.7 级地震考验，所以决定保留并加强监测（图 13）。

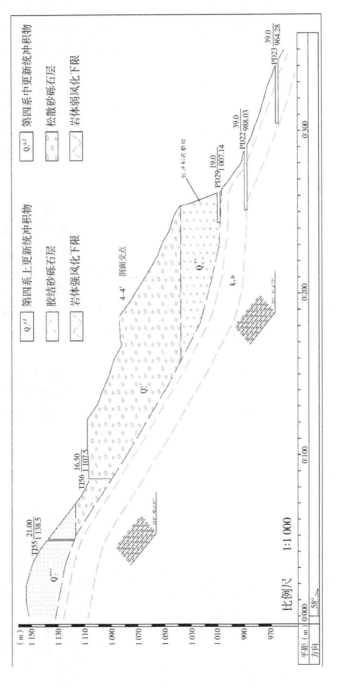

图13　左岸高边坡地质剖面

第6章　枢纽工程设计与优化

6.1　工程等别和设计标准分析

6.1.1　工程等别分析

玛纳斯河肯斯瓦特水利枢纽工程是流域规划推荐的一期工程，具有防洪、灌溉、发电等综合利用功能，枢纽工程由拦河坝、右岸溢洪道、泄洪洞、发电引水系统及电站厂房等主要建筑物组成，主要特征参数为：水库正常蓄水位990m，拦河坝为土石坝，最大坝高129.40m，总库容1.88亿 m^3，控制灌溉面积316.3万亩，电站装机容量100MW，设计年发电量2.723亿 kW·h。从严格执行规范和强制性条文方面来看，肯斯瓦特水利枢纽工程的等别确定，有值得商榷的地方。

首先，根据《水利水电工程等级划分及洪水标准》（SL 252—2000）和《防洪标准》（GB 50201—94）的规定，本枢纽工程控制的总灌溉面积远大于150万亩，但从工程布局来看，山区枢纽直接解决的是南部灌区114.78万亩农田的季节性缺水问题，与下游平原水库联合调度运行，方可完成316.3万亩特大型灌区的灌溉调节任务，因此初步设计及审批文件中确定本枢纽工程为大型Ⅱ等工程，具有其合理性；但严格对照规范，直接确定为特大型Ⅰ等工程也是恰当的，这个等别与本工程在流域中的重要地位更匹配。实际上在最新发布的《水利水电工程等级划分及洪水标准》（SL 252—2017）和《防洪标准》（GB 50201—2014）中已有强制性规定，综合利用工程中只要一项达到特大型指标，就应遵循就高定等原则，目前来看，本工程等别定为Ⅰ等工程更恰当。

其次，因为工程等别决定了建筑物级别和洪水设防标准，Ⅱ等工程中的主要建筑物只能是2级，次要建筑物只能是3级。本工程的拦河大坝为砼面板砂砾石坝，因为坝高超过90m，且坝址区新构造运动强烈、地震基本烈度为8度，才将大坝级别从2级提高为1级，也只是提高了工程设计的结构安全系数，洪水标准任然采用了2级挡水建筑物的洪水标准，即500年一遇设计，5 000年一遇校核，虽然也符合1级土石坝的防洪标准的下限值，但按照可能最大洪水或上限标准10 000年一遇洪水校核的研究没有开展，为工程安全评价留下了一个问题。

泄洪洞、溢洪道及发电洞进水口定为2级建筑物，发电引水隧洞及电站厂房定为3级建筑物，临时建筑物为4级，以现行标准复核都是符合强条和新规范的。

6.1.2　设计标准分析

（1）洪水标准

根据《水利水电工程等级划分及洪水标准》（SL 252—2000）的规定，大坝坝高超过90m，挡水建筑物级别应从2级提高为1级，但洪水标准不提高，仍应按2级建筑物考虑，这是定为Ⅱ等工程影响的结果。在设计中，首先考虑到混凝土面板砂砾石坝为土石坝，一旦漫顶抗冲能力差、溃决很快，有必要提高防洪标准；其次考虑到大坝为强震地区的高坝，坝址区地震基本烈度为Ⅷ度，地震动峰值加速度0.30g，大坝按Ⅸ度进行抗震设防，且已提高为1级建筑物进行结构安全设计，但因地震时的涌浪、大坝在地震作用下的附加沉陷不易准确预测，为保证地震情况下的防洪安全，也应取较高的洪水标准；最后考虑到修建肯斯瓦特水库的第一任务是保证全流域的防洪安全，枢纽工程自身的防洪安全是下游安全的基本条件，因此也应取用较高的洪水标准。因此，在综合考虑坝型、地震和工程主要任务基础上，设计采用了2级土石挡水建筑物的上限值，即500年一遇（Q=2 382.0m³/s）设计，5 000年一遇（Q=3 601m³/s）校核，作为大坝的洪水设防标准，虽为2级建筑物的标准，也能达到1级建筑物防洪标准的下限，与新规范基本吻合。

另外，根据枢纽下游防护对象最高标准为50年一遇，确定水库防洪运行的标准为50年一遇，此时坝址控制泄量不超过500m³/s，符合流域防洪安全要求。发电厂房自身设计洪水标准为50年一遇，校核洪水标准为200年一遇；泄水建筑物下游消能防冲设计标准为50年一遇；施工导流洪水标准在围堰挡水阶段采用10年一遇（P=10%）全年洪水标准，相应洪峰流量为600m³/s；在坝体渡汛阶段采用100年一遇（P=1%）全年洪水标准，相应洪峰流量为1 574m³/s，均符合规范要求。

（2）地震设防烈度标准

据《中国地震动参数区划图》（GB 18306—2001），枢纽坝址区地震动峰值加速度0.30g，反应谱特征周期0.40s，其对应地震基本烈度为Ⅷ度。对照《中国地震动参数区划图》（GB 18306—2015），工程区的地震动参数基本没有变化。

根据地震危险性分析成果，工程区位于北天山地震构造带中段，区内新构造运动强烈，沿活动断裂的造山运动是发震的主要因素，该地震带内地震以浅源地震为主，具有强度大，频率高，原地重复较多、发震构造相同的特点。历史地震对工程区的最大影响烈度为Ⅷ度，工程处于6.5级潜在震源区。

本工程大坝坝高超过90m，挡水建筑物等级从2级提高为1级，根据《水工建筑物抗震设计规范》SL 203—97的规定，本工程大坝抗震设防类别为甲类，考虑地震多发性和工程重要性，水库大坝在基本烈度基础上提高1度作为大坝的设计烈度，即大坝设计烈度为Ⅸ度，其他主要建筑物仍采用基本烈度作为设计烈度，设计烈度为Ⅷ度。

6.2 工程选址研究

玛纳斯河从清水河汇入口以下约8km河段称为肯斯瓦特河段，属于侵蚀构造低中山区，具备建坝的地形、地质条件，为大坝选址的重点河段。历次流域规划均确定在该河段兴建肯斯瓦特水库，做为玛纳斯河流域开发治理的控制性工程，再向上游虽也有适宜建坝的河段，但交通和施工都很困难。且从水资源调节的角度来看，有了肯斯瓦特水利枢纽之后，再建山区水库的必要性不大，上游开发仅具有水能利用作用。

从河段地形条件来看可选坝址共有2处，上坝址在清水河汇入口以下约500m处（称为清玛坝址）；下坝址在下游3.0km处，位于原151团九连附近（称为九连坝址）均可满足规划的规模要求，两坝址各有优缺点，需要开展技术经济指标研究。主要研究内容包括：地形条件、地质条件、枢纽工程布置方案、建筑物设计方案、施工条件、水库淹没情况、工程量及投资等方面。

6.2.1 地形和地质条件比较

两个坝址均位于玛纳斯拗陷带中，属区域构造不稳定区相对稳定的地段，两个坝址均属玛纳斯河穿越的中山峡谷内，上下坝址相距约2.8km，主要研究结论如下：

——从区域地质条件看，两个坝址均位于玛纳斯坳陷带中，为区域构造不稳定区中相对稳定地段，枢纽坝址区地震动峰值加速度 0.30g，反应谱特征周期 0.40s（相应地震基本烈度为Ⅷ度），从构造环境来看两坝址均处于抗震不利地段，但上坝址区域稳定条件相对下坝址较好。

——从库盘条件看，两坝址水库库区均处于中山峡谷河段中，由于地形条件和基岩面出露高程限制，水库规模均能满足规划蓄水要求，但上坝址以上均为峡谷，下坝址库盘相对开阔，同样坝高情况下上坝址库容小于下坝址；下坝址基岩以极软岩为主，水库库岸再造、及近坝段分布大规模滑坡处于库水变化范围，存在继续滑动可能，产生涌浪对大坝安全影响较大，上坝址库区库岸稳定条件优于下坝址；上坝址存在沿古河槽渗漏问题，需进行工程处理，而下坝址不存在渗漏问题；上坝址库区淹没损失小于下坝址。从库区工程地质条件综合比较上坝址较好。

——从建坝条件看，上坝址河谷较下坝址窄，坝体填筑工程量小于下坝址；上坝址岩性均一，覆盖层分布较少，岸坡平整稳定，坝基及坝肩处理工程量较小；下坝址岩性不均一，覆盖层分布较多，两坝肩冲沟发育，分布滑坡和不稳定岩体，岸坡凹凸不平，起伏差大，坝基及坝肩处理工程量较大；从坝址工程地质条件比较上坝址优于下坝址。

——从建筑物布置及围岩条件看，两个坝址从地形条件上均有利洞线布置，上坝址洞线短，下坝洞线较长。上坝址建筑物洞身以Ⅲ类围岩为主，隧洞进出口边坡稳定条件较好。下坝址岩石为软岩或极软岩，岩性复杂，洞身段以Ⅳ类和Ⅴ类围岩为主，洞室进出口不稳定岩体较发育，极软岩浸水后蠕变对进出口建筑物不利，从其他建筑物工程地质条件条件对比，上坝址优于下坝址。

——从天然建筑材料来源看，两个坝址所用天然建筑材料料场相同，储量、质量和开采运输条件基本相同。

综上所述，上坝址的地形和工程地质条件优于下坝址。

6.2.2　枢纽工程布置比选

从上述两坝址的地形地貌和工程地质条件分析，上下坝址均处于软岩地基，不适合建混凝土坝，当地材料坝中的黏土心墙坝、沥青砼心墙坝、砼面板坝三种坝型相比，面板坝最优，因而采用砼面板砂砾石坝方案进行坝址比选。

上坝址枢纽布置方案：挡水建筑物为砼面板砂砾石坝，泄水建筑物由右岸清水河弯道处布置开敞式溢洪道，利用右岸清水河口陡坎和台地地形建溢洪道的控制段；由玛纳斯河右岸弯道陡坎处布置泄洪洞；本方案利用河道向右转弯的地形，依次布置建筑物，由里到外分别为溢洪道、发电洞、导流洞及泄洪洞。

下坝址枢纽坝址方案：挡水建筑物为砼面板砂砾石坝，溢洪道布置在左岸，发电引水系统、电站厂房、导流洞、泄洪冲砂洞均布置在右岸。两坝址工程布置主要区别在挡水建筑物上，其余建筑物布置及结构形式区别不大。上坝址与下坝址等库容情况下主要参数比较详见表 6-1。

从上、下坝址枢纽布置条件比较可以看出，布置基本相似：导流洞、泄洪洞、发电洞均布置在右岸，上坝址坝线及各引泄水建筑物长度较下坝址短。

6.2.3　施工条件比选

上下坝址距离约 3.0km，就施工而言不存在技术性的制约因素，差异在于经济性。

根据料场分布条件：上坝址料 C2 场开采运输条件较好，利用现有的 S101 省道即可连接坝址区和料场。下坝址 C1 料场虽然直线距离较近，但坝址区右岸边坡高陡，坝址区到料场的施工道路较长。

表 6-1　上坝址与下坝址等库容比较

比较内容　　　　　　　　　坝址	上坝址 （清玛坝址）	下坝址 （九连坝址）
河底高程（m）	873	846.7
河谷宽度（m）	80	300
正常水位（m）	990	941.5
总库容（$10^8 m^3$）	1.88	1.88
最大坝高（m）	129.40	122.54
坝顶长度（m）	475	810
泄洪洞洞身长度（m，由导流洞改造）	318.34	1 146.33
溢洪道长度（m）	575.6	849.2
发电引水隧洞洞身长度（m）	576	779.52
导流洞洞身长度（m）	843.35	1 376.45

　　施工布置：上坝址上游边坡高陡，无法布置生产、生活设施，生产、生活只能布置在坝址下游及右岸Ⅳ级阶地，而下坝址上、下游均有布置生产、生活设施的场地，施工布置相对比较灵活，但下坝址对 S101 省道的改线影响较大。

　　施工导流：由于地形条件的约束，下坝址施工导流洞较长，洞身段长约 1.4km，为保证导流洞的施工工期，导流洞施工期间需布置两条施工支洞，以保证导流洞的施工工期。此外在同等导流规模的情况下，上游围堰填筑量较大，施工强度较高，围堰冬季施工保证率低，而上坝址导流工程量适中，围堰可以尽可能避开冬季施工，减少了施工附加费用，因此导流工程投资上坝址较低。

　　施工安排及工期：上下坝址推荐砼面板坝，填筑工程量相差较大。上下坝址砼面板坝方案总工期均为 5 年，坝体填筑强度比下坝址低，施工投入相对较少。

　　综上所述，根据料场条件、施工总布置、施工导流及施工进度综合分析后，上坝址比下坝址优。

6.2.4　水库淹没比较

　　上下两个坝址库区回水线范围河谷深切大于百米，交通困难，无人居住。上下坝址居民点均分布在Ⅳ级阶地之上，高于水库回水线及浸没范围，无搬迁性移民问题。下坝址库区内有少量耕地，水库不存在大的淹没及浸没问题。上坝址补偿投资 0.85 亿元，下坝址 1.0 亿元。

6.2.5　综合比较及结论

　　对于上下坝址枢纽布置方案，按同等设计条件和标准进行主要建筑物的设计和计算，上坝址总投资比下坝址少近 1.85 亿元，有明显优势。详见表 6-2。

表 6-2　坝址综合比较

项目		上坝址	下坝址
工程规模		满足库容 1.88 亿 m³ 时的正常蓄水位为 990m，最大坝高为 129.4m，满足规划任务要求	满足库容 1.88 亿 m³ 时的正常蓄水位为 941.5m，最大坝高为 122.5m，满足规划任务要求
区域地质条件		库坝区南距清水河子断裂（F_3）12km，北距霍—玛—吐断裂 22km。坝址附近有次级活动断层 F_{10}，距坝址约 200m，为抗震不利地段	库坝区南距清水河子断裂（F_3）12km，北距霍—玛—吐断裂 22km。坝址地层中有次级活动断层 F_9（江南庙断裂）通过，为抗震危险地段
库岸稳定		近坝区库岸无大规模滑坡体或不稳定岩体分布，仅局部库岸有顺层滑坡或崩塌岩体，方量一般小于 1 000m³，对水库影响较小	近坝段库岸左岸分布约 2 000 万 m³ 滑坡体，前缘处于水库水位变化范围，存在继续滑动可能，对大坝安全影响很大；右岸为第三系泥岩高陡边坡，遇水软化崩解，岸坡再造对上部居民点及耕地影响较大，左右岸岸坡均须处理
水库渗漏		右岸存在古河槽，有集中渗漏通道须处理	不存在邻谷渗漏问题
水库浸没		不存在浸没问题	不存在浸没问题
水库淹没		淹没少数河谷草场和林木	淹没少数草场和林木，淹没 S101 省道 3.61km 及中桥 1 座、国家基本水文站 1 座和少量耕地
坝址区工程地质	地形条件	横向河谷，河谷呈"V"形，两岸冲沟不发育，岸坡平整对称，岸坡坡度一般 35°~40°，仅上部阶地前缘陡立，现代河床宽 60m，坝顶宽度 514m。地形上便于坝线调整，坝体填筑工程量小	横向河谷，河谷呈"U"形，两岸冲沟发育，凹凸不平，左岸岸坡坡度 30°，右岸 40°~50°，现代河床宽 80m，坝顶河谷宽约 810m。地形上不利于坝线调整，左岸冲沟洪水对坝体有影响，坝体填筑工程量大
	地层岩性	基岩为白垩系呼图壁河组棕色泥质粉砂岩夹泥质砂岩，厚层状结构，岩性较均一。基岩强风化层厚 5~8m。河床中覆盖层厚 1~2m，右岸Ⅰ级阶地覆盖层厚 2~5m，左岸覆盖层厚度 0~5m。坝基清基处理工程量小	基岩为下第三系安集海河组杂色条带状砂岩、粉砂岩、泥岩夹砾岩，中厚层互层状结构，岩性极不均一。基岩强风化层厚 8~16m。河床覆盖层厚 1~3m，左岸Ⅰ级阶地覆盖层厚 3~12m。坝基清基处理工程量大
	坝肩稳定	两坝肩无不稳定岩体分布，无大的不利结构面组合，仅上部阶地前缘易发生崩塌掉块，坝肩稳定条件较好	右坝肩有小规横不稳定岩体分布，岸坡陡，卸荷裂隙发育，卸荷深度 8~30m；左坝肩分布有较大规模的不稳定岩体，坝肩处理工程量大
	坝基渗漏	坝基渗漏主要沿岩体中裂隙渗漏，基岩透水率小于 3Lu 的相对隔水层埋藏深度 9~10m；小于 1Lu 的相对隔水层埋藏深度 40~43m	坝基渗漏主要沿岩体中裂隙渗漏，基岩透水率小于 3Lu 的相对隔水层埋藏深度一般 15~16m，河床段达 70m；小于 1Lu 的相对隔水层埋藏深度一般 50~52m，河床段达 90m。左岸有承压水渗出
	硐室围岩	地形有利于建筑物布置，右岸有古河槽分布，对洞室调整影响较大。洞室进出口无大的不稳定岩体分布，稳定条件较好，洞身段围岩以Ⅲ类为主，洞线长度较短	地形有利于建筑物布置，有不稳定岩体分布。进出口不稳定体较发育，软岩和极软岩浸水后易崩解、软化，蓄水后岸坡岩体蠕变滑动对进口建筑物不利，洞身段以Ⅳ类围岩为主，洞线长度较长

（续表）

项目		上坝址	下坝址
枢纽布置		本方案利用河道向右转弯的地形，依次布置建筑物，由里到外分别为溢洪道、发电洞、泄洪洞、导流洞。各建筑物长度较下坝址短	溢洪道布置在左岸，发电引水系统、电站厂房、导流洞、泄洪冲砂洞均布置在右岸。各建筑物长度均较长
工程施工	料场	上坝址右岸 C2 料场可利用 S101 省道运料，开采运输条件较好	下坝址右岸 C1 料场位置较高，边坡高陡，需要修建较长的施工运输道路
	布置	上坝址上游边坡高陡，无法布置生产、生活设施，生产、生活只能布置在坝址下游及右岸Ⅳ级阶地	下坝址上、下游均有布置生产、生活设施的场地，施工布置相对比较灵活，但下坝址需要对 S101 省道做较多改线
	导流	上坝址有河湾可以利用，导流洞较短，约 1km；河谷狭窄，围堰工程量较小，导流工程投资较低	下坝址处河道顺直，导流洞较长，约 1.4km；河谷宽阔，上游围堰填筑量较大，导流工程投资较大
	工期	总工期 5 年，坝体填筑强度比下坝址低，施工投入相对较少	总工期 5 年，坝体填筑强度要求较高，总工程量大，施工投入相对较多
工程投资		16.29 亿元	18.14 亿元

坝址比选过程中，最难决断的的是两坝址之间的优质库盘的取舍。多年来，流域渴望修建较大库容的山区调节水库，而下坝址恰恰拥有玛纳斯河山区最开阔的库盘，1986 年曾经动工修建九连坝址低坝，后因淘金洞、滑坡体等地质问题过于复杂而停建。与清玛坝址相比，同样蓄水位至 980m 情况下，下坝址库容可达 3.0 亿 m^3，而上坝址仅为 1.25 亿 m^3，从水能利用角度看，效益相差不少；但从水资源利用角度分析，调节库容 1.2 亿 m^3 左右就可以满足下游供水调节，上坝址在 990m 正常蓄水位时，库容也能满足此要求；另外，下坝址地质条件较差，处理难度和工程造价较高，只好放弃，使许多老玛河工作者稍感遗憾。

6.3　天然建筑材料与坝型研究

在肯斯瓦特水利枢纽工程论证过程中，使用阶地砂砾石作为填筑料建当地材料坝，有许多成熟的研究方法和成功的工程实例，在野外勘察、现场试验、室内试验基础上，又专门研究了坝料的动力特性，认为是比较好的筑坝材料。但在防渗方案上是采用黏土心墙、沥青混凝土心墙还是混凝土面板防渗，争议比较大，成为坝型选择的关键问题。

6.3.1　防渗土料及工程特性研究

（1）土料场基本情况

工程区所选防渗土料料场位于临近的清水河右岸Ⅴ级阶地上，阶地为东西走向的长条形，顺河向长度约 12km，垂直河向宽度约 2km，地形平坦开阔，分布高程 1 030~1 200m。上覆为第四系上更新统风积（Q_3^{eol}）黄土，堆积厚度 7~20m，厚度受地形变化较大，现状为草场，无用层厚 0.5m，开采和运输条件便利。有用平均厚度按 7.5m 计，采用平均厚度法计算，土料储量为 900 万 m^3。据试验结果：岩性为低液限粉土，砂粒含量约 5.4%，粉粒含量约 77.0%，黏粒含量 17.6%，呈土黄色，稍湿，中等密实；土粒的比重 2.70，天然密度 1.53g/cm³，天然含水量 9.0%，干密度 1.41g/cm³，自由膨胀率 6.9%；击实后：最大干密度 1.83g/cm³，最优含水量

14.3%，压缩模量 16.2MPa，压缩系数 0.10MPa^{-1}，具中压缩性，黏聚力 20.9kPa，内摩擦角 27.9°，渗透系数 1.8×10^{-7}cm/s。按心墙防渗土料技术指标评价见表 6-3。

表 6-3　防渗土料质量评价

序号	项　　目	质量指标	试验值	评价
1	黏粒含量（%）	1 540	17.6	合格
2	塑性指数	1 020	9.7	略小
3	击实后渗透系数（cm/s）	<1×10^{-5}	1.8×10^{-7}	合格
4	有机质含量（%）	<2	0.22	合格
5	水溶盐含量（%）	<3	0.68	合格
6	天然含水量（%）	接近最优含水量	9.0	偏小
7	紧密密度（g/cm^3）	>ρ=1.45	1.83	合格
8	pH 值	>7	9.1	合格
9	S_iO_2/R_2O_3	>2	2.66	合格

根据勘查发现，该料场土料以粉粒为主，黏粒含量满足规范要求，主要缺点是天然含水量偏低，塑性指数偏低。通过土料制备，调整含水量应该可以满足筑坝要求。

（2）土料分散性问题的提出

防渗用黏土料，从渗透稳定角度看，有分散性土和非分散性土两类。分散性土在低含盐量或纯净水中细颗粒之间的黏聚力大部分或全部丧失，呈团聚状的颗粒体自行分散成原级的黏土颗粒，它的抗冲蚀能力很低，容易造成堤坝管涌，因此危害性很大。

分散性土的发现源于 20 世纪 30 年代，土壤学家率先认识到此类土的存在。工程因此类土失事的研究始于美国和澳大利亚。我国 80 年代初在黑龙江引嫩工程中发现输水渠道在雨水作用下出现大范围的洞穴和管涌，分析后发现是分散性土所致；1995 年，海南省岭落水库溃坝事故也是分散性土所致，此后在新疆等地的工程中也多次遇到分散性土问题，研究工作逐渐展开。随着对分散性土危害认识的不断深化，在《水利水电工程天然建筑材料勘察规范》（SL251）中推荐使用国外鉴定分散性土的针孔试验、双比重计试验、孔隙水可溶性阳离子试验、碎块试验等试验方法，以图准确鉴定；《碾压式土石坝设计规范》（SL274）已将分散性土列为不宜作为防渗的土料类型之一；《堤防工程地质勘察规范》（SL188）中对分散性土的勘察内容也提出了要求。

肯斯瓦特水利枢纽工程区分布大面积的风积黄土，如果不具有分散性，采用黏土心墙防渗的砂砾石坝，对于抗震安全和节约工程造价都具有现实意义，因此土料的分散性研究对本工程坝型选择非常关键。

（3）黏土分散机理及主要影响因素

分散性土被水冲蚀破坏是一个复杂的物理、化学和力学过程，国内外研究发现，主要受土体自身的以下特性影响：

黏粒含量：我们通常说的黏性土是指液限大于 25%，塑性指数大于 6 的黏土或粉土，其黏粒含量一般大于 10%，如果黏粒含量很低而导致土样出现分散现象，就不属于黏性土的分散性研究范围，而是无凝聚性土的研究范畴了，如粉砂和细砂在水中也分散，但机理与黏性土不同。黏粒颗粒极细小，具有很大的表面积，黏结力很强，在土壤的团粒结构形成中起着重要作用，团粒结构可以阻止水的侵蚀，具有较强的抵抗水力侵蚀作用。双比重计试验的目的就是分析土壤团粒结构稳定性的，但无法考量钠离子含量的影响，而且对于盐渍土不适用。

黏土矿物成分：常见的黏土矿物有高岭石类、蒙脱石类、伊利石类，它们是土中物理化学性质活跃的物质，对黏性土的工程性质有着显著影响。其中高岭石类矿物结晶牢固，遇水仅产生体积膨胀，不会分散；蒙脱石类晶层间联结弱，晶格具有扩展性，特别是吸附钠离子的钠蒙脱石具有强分散性；伊利石则介于两者之间。

有机质：土中有机质主要为纤维素和腐殖质。有机质同黏粒一样，属于一种胶体，也可以促进土壤团粒结构的形成。另外，有机质中含有胡敏酸和富里酸，一般呈酸性，可以降低土体的酸碱度，减少土体的分散倾向。资料表明，当土体有机质含量超过 5g/kg，土体就不会具有分散性。

钠离子：在常态下，水是土中液相物质的主要成分，溶解于水中的各种电解质以离子或化合物的形式存在于水中，它和水以及水中的黏土颗粒构成土—水—电解质系统，影响土的工程性质。一般来说，黏土颗粒表面带负电荷，它会吸附阳离子在其周围形成吸附层和扩散层，研究人员称之为双电层，双电层越厚，悬浮液中的黏土颗粒的絮凝倾向就越小，颗粒分散性越强。当黏土颗粒表面电荷恒定时，扩散层厚度与所吸附离子价成反比，与离子浓度的平方根成反比，因此离子价越高，离子浓度越大，扩散层的厚度约小。

在自然界的土体中，阳离子主要有 Ca^{2+}、Mg^{2+}、Na^+、K^+，其中含量较多的是 Ca^{2+} 和 Na^+，一价的 Na^+ 的双电层厚度是二价的 Ca^{2+} 的两倍，因此若土样中含有大量的钠离子，使得土颗粒见间双电层厚度增加，排斥力大于吸引力，净势能表现为斥力，则土样产生分散。

酸碱度 pH 值：黏土矿物颗粒表面和边缘有可能暴露出来的羟基（SiOH）分解成 SiO^- 和 H^+，它受到 pH 值的强烈影响，pH 值越高，H^+ 离子进入溶液的趋势越大，颗粒的有效负电荷就越大。另外，暴露在黏土矿物边缘的氧化铝是两性的，在低 pH 值下表现为正电性，在高 pH 值下表现为负电性。因此，pH 值对黏土悬液性状有重要影响，低 pH 值会导致颗粒从悬液中絮凝；高 pH 值使悬液稳定或者说使颗粒分散。因此，土体中液相物质的酸碱度是黏土产生分散的本质因素之一。

以上 5 个方面的因素中，黏粒含量、黏土矿物成分和有机质含量属于土的固相组分，在特定的土体中一般具有不可变性，但是黏土矿物表面的电化学性质却随着空隙水中阳离子的种类及含量和溶液 pH 值的变化而变化，如果孔隙水 pH 值较高（呈碱性），且土体中含有大量钠离子，则土体会发生分散。因此影响黏土的分散性并不是单因素而是土、水、电解质组成的整个系统，需要多维度综合分析才能判定。

（4）分散性土鉴定的基本方法

研究发现，典型的分散性土一般具有以下特征：黏土颗粒矿物成分以蒙脱石为主；在塑性图中处于 A 线以上，且主要位于低液限黏土区；介质的 pH 值＞8.5，孔隙水可溶性阳离子中 Na^+ 的含量占主导地位；在纯净水中黏土颗粒的分散度达 50%以上；抗纯净水的冲蚀流速＜20cm/s；渗透系数 $k<1×10^{-7}$ cm/s。到目前为止，分散性土的鉴定方法还在改进之中，但总体认为野外调查和识别、常规室内试验（物理试验、化学试验和矿物分析）室内分散性鉴定试验三者缺一不可，而且三者相结合进行综合鉴定是当前大家公认的路径。

第一是做好野外调查与识别。结合现场勘查工作展开，重点包括包括：

——观察土料场区域雨后水沟、水坑积水和干涸后情况。若发现水坑积水长期浑浊，呈黄色或咖啡色，干后坑底留下很细的黏土沉积，干后龟裂，则当地土料有可能具有分散性。

——观察坡面上冲沟和孔洞的发育情况。如果较普遍，则可能具有分散性。

——观察料场的新鲜土坡或坡下大土块的完整性。若完好，则可能是非分散的。

——观察地表植被及有机质情况之后，还要了解开采深度内地表下部的情况，注意因含有机质不同而出现的分层差异。

——了解黏土成因。如果是洪积、坡积、湖相沉积和黄土沉积，则要提高警惕；若是海相沉积的黏土岩和页岩残积土，也有分散可能性；如果是岩浆岩和变质岩原地风化成土以及石灰岩风化成土，则一般不具分散性。

——尽早开展碎块试验。利用料场自然含水率的土块，放入盛有纯净水的容器中，静置后观察土块的变化。土块快速分解均匀分布于容器底部，且溶液浑浊，经久不清，则很可能是分散性的。此试验发现的分散性土，鲜有能被其他试验颠覆的案例，用于现场初判是很有效的手段。

第二要做好基本试验。通过试验，取得土样的颗粒相对密度、颗粒级配、界限含水率、可溶性盐总量和各类离子含量、pH 值、有机质含量及黏土矿物组成等参数，了解土料的物理化学及矿物学特性，为分散性研判提供初步量化依据。对于黏土矿物中蒙脱石含量多、阳离子中钠离子含量高、pH 值高、有机质含量低的土料，进行专门的分散性鉴定试验是必要的。

第三要做好分散性鉴定试验。包括双比重计试验、碎块试验、针孔试验、孔隙水可溶性阳离子试验、交换性钠离子百分比试验。研究表明，这 5 种试验对于不同土样适应性不同，需要综合研判。其中双比重计试验是通过计算土体中不加分散剂不煮沸所得的黏粒含量与加分散剂煮沸所得的黏粒含量的比值的百分率来进行比较，比值越大越具分散性性，但对于含有大量易溶盐的盐渍土来说，盐分促凝作用影响试验结果，故对于含盐量大的土试验结果不可靠。碎块试验是将土块放在纯水中，观察其在静水中的变化，也是反应土颗粒在水中的分散度和胶粒析出程度，但未考虑渗透水流的动能影响，具有局限性。针孔试验是模拟在一定水头下，土体孔隙壁上的颗粒在承受一定动能水流冲蚀下的孔径的发展变化情况，与实际渗流相似度较高，具有一定的工程现实意义，一般认为可靠度较高，但针孔形态呈现多样性难以准确判断，另外对低黏粒含量的土、高密度土和膨胀量偏高的土不适用。通过测定土壤中孔隙水可溶性阳离子和交换性钠离子百分比，可以从胶体化学理论角度分析土颗粒之间双电层的相互作用，是很好的辅助手段。鉴于以上试验都可以从不同角度检验黏土的分散特性，又都具有一定的局限性，实践中采用 5 种试验分别赋予一定权重的方法，其中针孔试验权重 40%，双比重计试验和碎块试验各 20%，其余两项试验各10%，进行综合评判，如果分散性权重大于 50%，则判定为分散性土；如果分散性权重等于50%，且过渡性权重大于等于 20%，也判定为分散性土；如果分散性权重小于 50%，且"过渡性+分散性"的权重小于 50%，则判定为非分散性土；其余为过渡性土。

（5）肯斯瓦特工程防渗土料分散性分析

据室内基本试验结果，遵照樊恒辉等所做的的统计分析经验来看，本工程的黏土料有较多的特征参数与一般分散性土参数相吻合，如土颗粒相对密度 2.70＞2.69g/cm³，具有不确定性；属低液限粉土，粉粒含量约 77.5%，黏粒含量 17.5%，黏粒含量＜20% 多属于分散性的；液限26.9%＜30%，塑限 17%＝17%，塑性指数 9.9＜15，多属于分散性或过渡性；有机质含量0.22%，2.97g/kg＜5g/kg，具有不确定性；pH 值9.1＞8.6，多属于分散性或过渡性；易溶盐含量高达 0.68%，为 8.21g/kg，且土体中阳离子含量达 2.33g/kg（84mmol/kg），其中钠钾离子（$Na^+ + K^+$）含量 2.0g/kg（65.6mmol/kg），占阳离子总量 85.8%；Ca^{2+} 和 Mg^{2+} 含量仅 0.29g/kg，属于低价阳离子含量较高的土，分散性概率极大等。

鉴于以上参数对比判断，不能排除土料的分散性，进一步开展分散性鉴定试验是必要的。所以从 2005 年开始，本工程先后邀请中国水科院、西北水科所和新疆水电院科研所三家单位共开展了三轮分散性试验研究，试验结果见表 6-4。

表6-4　分散性试验研究结果统计

试验时间	2005 年		2006 年		2009 年
试验单位	西北所	水科院	水科院	水科院	新疆水电院
送样组数	4	4	6	6	6
试验方法　双比重计试验（权重20%）	非分散	分散性	1分散，5过渡	2分散，4过渡	非分散性
蒸馏水针孔试验（权重40%）	1过渡，3分散	分散性	分散	分散	1非分散，5过渡
碎块试验（权重20%）	1过渡，3分散	分散性	过渡	过渡	1过渡，5分散
可交换钠离子百分比试验（权重10%）	分散	分散	2分散，4过渡	过渡	
孔隙水可溶性阳离子试验（权重10%）	1过渡，3分散				分散
分散性权重计算（计入试验组数权重）	分散 62.5%	分散 90%	分散 43.3%　过渡 43.4%	分散 46.7%　过渡 43.3%	分散 26.6%　过渡 36.7%
综合评判结论	分散性土	分散性土	过渡性土	过渡性土	过渡性土

注：水科院未开展孔隙水可溶性阳离子试验，权重计算时按照非分散对待。

从试验结果看，本工程土料不太可能确定为非分散性土，工程方案决策时放弃了黏土心墙坝坝型。但从近年来分散性土利用研究的角度看，本工程土料研究至少存在以下问题值得商榷。

第一，作为风积黄土，0.075mm 以上砂粒含量为 5%，0.075～0.005mm 的粉粒含量为 77.5%，小于 0.005mm 的黏粒含量为 17.5%，且 0.002mm 以下胶粒含量 9.1%。不均匀系数 $C_u=10$，曲率系数＝1.9，是级配良好的土。由于土料粉粒含量占绝大部分，抗冲蚀性差，但野外勘察发现，土体在雨水的作用下更多出现湿陷、塌陷现象，并不存在分散性土出现的冲沟和孔洞；土体在受冲蚀后形成的积水也暂时浑浊，一定时间后水质可恢复清澈，并不存在絮状物质，沉淀后底部出现粉细沉淀物，但干涸后不会出现龟裂。雨水对土体的冲刷以物理冲刷最为明显，表现形态与分散性土有所不同。因此判定工程区土料典型分散性土有一定差异。因此，目前所采用的分散性试验方法是否适合此类土的抗冲蚀安全性评价，有待于进一步研究。

第二，对于当地土料，易溶盐含量高，钠离子含量也高，历次试验使用的方法、土样组数和研究深度仍显不足。特别是对黏土矿物中高岭石、伊利石和蒙脱石占比分析重视不够，是否含有较多的钠蒙脱石，没有作为重点研究。另外，玛河河水 pH 值＞8，矿化度 0.2g/L，Ca^{2+}、Mg^{2+}含量 59.3g/kg，利用玛河河水开展针对性研究，对工程更具实际意义。

第三，因为当地风积黄土储量丰富、运距很近，因土料天然含水量仅 8% 左右，远低于最优含水量 14.1%，调整含水率方可获得好的压实效果，开采利用时可以通过添加石灰粉改性以及添加生石灰水调节含水量，并设置细反滤保护，对强震区的高土石坝心墙抗震自愈也是有利的。此项研究没有开展，所以无法确定改性量化措施和预估造价，心墙坝坝型被迫放弃。

第四，从工程类比来看，新疆伊犁河恰甫其海水库黏土心墙坝土料，与肯斯瓦特水利枢纽工程区土料具有极高相似性，工程建成正常运行多年，说明此类土作为高坝的防渗心墙是经得起实践考验的。

6.3.2　沥青混凝土防渗方案的论证

肯斯瓦特水利枢纽坝型比选过程中，由于克拉玛依石油沥青品质优良，采购方便，运距很近，所以沥青混凝土防渗方案也参与了论证。其中沥青混凝土防渗面板，因为国内采用较少，因置于坝体表面又面向南方，抗紫外线老化问题难以解决；加上当地夏季和冬季最大温差达 80℃，其温度稳定性要求较高，难以控制；加上国内极少在百米级高坝中采用，所以没有考虑。重点进行了沥青混凝土心墙方案研究，心墙置于坝体内部，材料老化和温度变化的影响基本消除，沥青混凝土心墙抗渗能力强，因此厚度一般较薄，在地震烈度按照Ⅸ度设防情况下，适应地震变形的能力令人担忧，且一旦因各种原因出现局部破坏，修复非常困难。在 2006 年决策时，虽然国内已经有冶勒电站大坝等百米级高坝采用此坝型，但都还没有经受过强震考验。加上沥青混凝土所需的碱性骨料距离本工程区都在 100km 以上，造价也不占优势，因此没有开展更深入的研究。另外，在混凝土面板砂砾石坝的优异表现面前，此坝型也不具备经济上的竞争力。

6.3.3　混凝土面板砂砾石坝方案的确定

本工程采用混凝土面板全断面砂砾石坝坝型，是根据当地材料的特点，并经过必要的研究后确定的。归纳起来主要有以下方面的因素。

（1）基岩岩性软弱

工程区出露的岩石均为白垩纪和侏罗纪地层，以泥岩、泥灰质砂岩和泥质粉砂岩为主，均为饱和抗压强度小于 15MPa 的软岩，无法就近开采到理想的硬岩堆石料，做爆破堆石坝没有条件。

（2）砂砾石料源丰富

在玛纳斯河肯斯瓦特河段发育有多级基座阶地，阶地砂砾石广泛分布，仅 C2 料场的储量就为大坝填筑用料的 1.5 倍以上，C3 料场上部覆盖风积黄土层厚度较大，可作为备用料场使用，料源非常丰富。其中 C2 料场均位于坝顶高程以上，分布面积近 0.6km²，地表耕作土无用层厚度 1.5～2.2m，下部砂砾石厚度最大达 78m，可用储量 1 000 万 m³ 以上，平均运距不到 3km；C3 料场位于坝址以东、清水河支流右岸，沿国防公路分布，分布面积近 0.8km²，地表风积黄土无用层厚度 0～20m，下部砂砾石厚度 20～50m，可用储量 1 300 万 m³ 以上，平均运距约 6.5km。阶地上地形平坦开阔，为玛纳斯县清水乡耕地，海拔高程 1 020～1 035m，与河床相对高差 140～160m，开采运输时均为重车下坡，并有已建国防公路可资利用，方便快捷。

（3）砂砾石质量良好

砾石岩性坚硬，碾压后级配稳定性好。经勘查，C2 料场阶地卵砾石层上部 10～13m，结构松散无胶结，沉积厚度稳定，成分以凝灰岩及泥硅质粉砂砂为主，最大粒径可见 60cm；下部为古河槽胶结卵砾石层厚度变化大，最厚达 78m，泥质胶结为主，底部钙质胶结，成分以凝灰岩、安山岩及霏细岩为主，最大粒径可见 50cm；磨圆较好，多呈亚圆及扁圆状。

砂砾石料级配连续，大于碾压厚度 2/3 的巨石含量极少，小于 5mm 的细颗粒含量低，具备构建粗颗粒骨架堆石坝体的条件，抵抗渗流冲蚀的能力不亚于硬堆石体；压实后的渗透系数在 10^{-2}cm/s 量级，满足一般堆石坝自由排水要求。根据试验，上部松散层卵砾石层粒径＞150mm 颗粒含量 16.8%，粒径 150～5mm 颗粒含量 62.9%，粒径 5～0.075mm 颗粒含量 18.8%，＜0.075mm 颗粒含量 1.5%，不均匀系数 Cu = 69.9，曲率系数 Cc = 3.51，为级配连续的卵石混合土层，天然密度 2.28～2.35g/cm³，天然含水率 0.8%～1.5%，干密度 2.25～2.30g/cm³，渗透系数 7.2×10^{-2}～8.9×10^{-2}cm/s，击实后饱和直剪测定的内摩擦角 39.8°。下部胶结卵砾石层粒径＞150mm 的漂卵石颗粒含量 11.2%，粒径 150～5mm 的砾石颗粒含量 68.9%，粒径 5～0.075mm 的砂颗粒含量 16.9%，＜0.075mm 的细粒颗粒含量 3.0%，不均匀系数 Cu = 70.7，曲率系数 Cc = 3.62，为级配连续的卵石混合土层，天然密度 2.20～2.29g/cm³，天然含水率 0.9%～1.8%，干密度 2.18～2.28g/cm³，渗透系数 1.2×10^{-3}～9.2×10^{-2}cm/s，击实后饱和直剪测定的内摩擦角 38.5°。

（4）勘察及试验研究充分，料场及坝料认识清晰

C2 料场既是砂砾石料场，又是枢纽工程古河槽防渗重点勘探区域，勘察和试验工作量充分。为了查明古河槽胶结层卵砾石的分布高程，不同深度的胶结程度的变化规律，以及古河槽胶结砾石层覆盖厚度和渗透性，分区按网格布置了探坑（槽）、探井 69 个，在古河槽边界及深槽等部位布置钻孔 13 个，在古河槽进出口胶结卵砾石层不同高程布置平硐 7 个，进行了不同层位的现场颗粒分析 33 组，渗水试验 16 组，天然密度含水量试验 33 组。采用坑（硐）探取样 18 组进行室内混凝土骨料、坝壳料、垫层料等各类坝料的试验工作，并进行了砂砾石水平渗透的专题试验。

坝料动力特性认识充分。鉴于大坝处于强震区，为了分析坝料的动力特性和大坝抗震表现，从 C2 料场取料请中国水科院开展了坝料动力特性试验研究和大坝动静力三维有限元数值模拟分析，分析结果显示坝料具有较好的抗震表现。

（5）工程类比有成熟经验

采用砂砾石筑坝，在甘肃和新疆兵团的土工膜全库盘防渗的工程中比较常见，如皮墨垦区沉砂池，但均为低坝。1993 年，71m 高的青海沟后水库砂砾石面板坝发生溃坝事件，引发了对砂砾石筑坝的深入研究。工程界对此类坝料的优缺点认识趋于一致，即天然沉积砂砾石具有开采方便、变形模量较大且后期变形低的优点，也具有沉积环境复杂、级配变化大、施工中容易颗粒分离、粗颗粒磨圆度高、内部咬合力低、抗剪强度低于硬岩石渣料以及抗冲蚀能力较差的缺点。因此面板坝设计规范规定，采用砂砾石筑坝必须高度关注其级配连续性与碾压特性、细颗粒含量与抗渗稳定性和自由排水能力；规范还要求应增设"L"形排水体等。在西北高寒地区，1999 年建成的 123.5m 高的青海黑泉水库大坝；2003 年建成的 138m 高的新疆乌鲁瓦提水库大坝；2008 年建成的 110m 高的新疆察汗乌苏电站大坝，都是采用天然砂砾石填筑的百米级大坝，从它们运行表现来看，此项技术是成熟的。

6.4　枢纽布置与优化

肯斯瓦特水利枢纽工程坝址和坝型确定在项目建议书阶段已基本确定，但枢纽布置方案随着地质勘察工作的不断深入，一直在持续调整和优化。以各个阶段推荐的枢纽布置方案为线索，可以看到，工程论证过程中的研究重点针对以下方面：地质条件适应性研究；坝轴线的位置研究；溢洪道的位置及组合方式研究；导流洞、泄洪冲沙洞独立布置还是"龙抬头"结合布置研究；发电洞进水口与泄洪洞进水口分开布置与组合布置研究；古河槽防渗方式研究；永久对外交通和施工临时交通体系研究等。

6.4.1　工程地质条件

工程位于玛纳斯坳陷带，该构造南北两侧边界断裂均为区域性活动断裂和发震构造，是北天山地震带中多次发生强震主要发震构造。枢纽区距准噶尔南缘断裂和玛纳斯断裂 12km 和 25km，属区域构造稳定性较差地区。

根据《中国地震动参数区划图》，工程区地震动峰值加速度为 0.30g，相应地震基本烈度为Ⅷ度。2005 年 10 月新疆防御自然灾害研究所对该项目进行了工程地震动参数复核，50 年超越概率 10%基岩动峰值加速度为 250.9gal；50 年超越概率 2%基岩动峰值加速度为 393.5gal，工程处于强震区，应加强抗震设计。

坝址库区库岸稳定，库区渗漏主要是沿上坝址右岸古河槽集中渗漏，初估年渗漏量约 540 万 m³，库区内无浸没，淹没损失小。

库区虽处于北天山地震带中，区域地质环境较为复杂，但组成库盆的的白垩系和第三系的软

质岩体,地层完整,结构面不发育,对岩体弹性应变能的积累及瞬时释放起到抑制作用,水库蓄水后产生诱发地震的可能性较小。库区内没有大的区域性活动断裂通过,水库基本不具备诱发中强地震的条件。

坝址区基岩为泥灰质粉砂岩,岩性均一,岩体为厚层结构,为软岩。坝址两岸岸坡现状条件下稳定性较好,坝基覆盖层薄,坝址主要工程地质问题是水库蓄水后的右岸古河槽渗漏、高边坡稳定性。坝基岩体强度较低,抗滑和抗变形能力较差。坝址各引水洞线及地面厂房均可布置在右岸,洞身段以IV类围岩为主,进出口均无大的不稳定岩体,成洞条件及洞口边坡稳定条件较好。

据水质分析试验结果:河水对混凝土无腐蚀性,基岩裂隙水对普通水泥具有结晶类硫酸盐型强腐蚀,对抗硫酸盐水泥无腐蚀。

天然建筑材料拟选 3 个土料场和 4 个砂砾石料场,坝壳卵砾石和防渗黄土储量丰富。坝壳料储量和质量都基本满足本阶段设计要求,开采运输便利。黄土料场储量丰富、开采便利,但粘粒含量偏小,属分散性土和过渡性土,做为防渗土料需采取改性措施。

主砂砾石料场(C2)位于上坝址右岸IV级阶地及阶地古河槽内,占用耕地面积小,有用层厚度大,可结合上坝址溢洪道开挖直接上坝填筑。

6.4.2　坝轴线优化

根据规划任务要求,水库库容 1.88 亿 m³,正常蓄水位 990m,河床高程 870m 左右,坝高近 130m,坝顶长度 514m,坝顶宽度 10m,按照上游边坡 1:1.7、下游边坡 1:2 估算,大坝上下坝脚之间占用河床长度至少 500m,坝轴线定位要充分考虑大坝体量、趾板线防渗安全,同时要处理好其他建筑物与大坝的关系,使总体布局合理顺畅。

从选定坝址地形地质条件来看,枢纽区处于一段长约 500m 的峡谷中,峡谷出口左岸顺直,右岸为开阔的一、二级阶地,方便建筑物出口布置。峡谷两岸基岩均为白垩系下统呼图壁河组 (K₁h) 的一套湖河相陆源碎屑沉积岩,地层近东西走向,呈北东倾斜的单斜构造,倾角 50°~55°,层序稳定。基岩岩性主要有红褐色、灰绿色的泥质粉砂岩、粉砂质泥岩夹少量砂质页岩,没有软弱夹层,岩性差异性较小,为单一的红褐色的泥质粉砂岩,是典型的横向河谷,两岸岩层的岩性对称分布、岩层风化深度相同、坡积物也很少,因此地质因素对坝轴线选择制约性不大,主要应考虑地形条件对趾板线形状的影响以及岸坡形状对坝体应力与变形分布的影响。为给电站厂区布置留出比较充裕的场地,同时缩短溢洪道泄槽长度,坝轴线尽量放在峡谷出口位置,可调整余地不大。从项目建议书阶段到初步设计,坝轴线没有大的变化。

6.4.3　溢洪道布置优化

对于拦河的土石坝,表孔溢洪道是必不可少的。根据水库规划任务和水库调洪演算,本工程防洪任务由泄洪洞和溢洪道共同承担,其中溢洪道最大泄量为 2 300m³/s,根据国内同类溢洪道设计经验,采用明槽时泄槽最大单宽流量控制在 150m³/s/m 以内,泄槽宽度 16m 左右;采用溢洪洞式泄槽时,最大单宽流量控制在 300m³/s/m 左右,无压隧洞宽度在 8m 左右。坝址处河床基岩均为软岩,宜采用底流消能后归槽。这些因素是溢洪洞布置的重要约束条件。

旁侧溢洪道方案研究:从选定坝址处的地形条件,右岸高阶地平台顶高程为 1 020~1 035m,比水库正常蓄水位 990m 仅高出 30~45m,非常适合布置从清水河支流方向作为入口、穿越右岸阶地的旁侧溢洪道。优点是控制段基岩条件良好,出口段入河角度平顺,归槽顺畅;开挖古河槽砂砾石可以直接上坝,节省投资;施工场地与坝区相对独立,可减少施工干扰。缺点是泄槽相对较长;局部泄槽基础要坐在古河槽砂砾石地层上;泄槽上段开挖深度达到 60m,会形成比较高的砂砾石边坡需要处理。在项目建议书阶段曾作为推荐方案研究,可研阶段考虑到距离枢纽区较远，管理不便，布置略显分散导致永久征地较多，以及泄槽右岸砂砾石边坡较高等因素，最终放弃了此方案。

坝肩溢洪道方案研究：坝肩溢洪道布置方案，有左右岸两个选项，技术上都具可行性。从地形和地质条件看，左岸边坡高陡，坝肩以上分布有直立的第四纪砂砾石沉积物，控制段和泄槽开挖会影响到它的稳定性，布置成表孔溢洪洞造价较大。右坝肩溢洪道靠近阶地边缘，没有高边坡问题，控制段可以结合趾板开挖，泄槽全段均在岩石基础上，泄槽长度较短，采用底流消能情况下与下游河道衔接也不存在问题。从施工条件看，右岸交通运输条件优于左岸，最终采纳了右岸坝肩溢洪道布置方案（图14）。

图14　项目建议书布置示意

6.4.4　导流洞—泄洪冲沙洞—发电洞布置优化

（1）优化布置原则

本工程属峡谷区土石坝，采用隧洞导流不可避免；从综合利用要求来看，水力发电系统也是必须的；从防沙和泄洪安全角度看，泄洪冲沙洞也是必要的，因此各个建筑物如何优化组合，需要综合考虑工程的规划功能定位要求、施工与运行安全要求、合理工期及造价要求，结合地形地质条件、河流水文特性及水库泥沙淤积形态合理分析和统筹各个建筑物之间的关系，做到统筹兼顾，合理安排。一般山区枢纽工程布置，都要遵循以下原则：一是施工期，导流洞必须具备足够的泄流能力、安全流态及结构安全，以确保大坝基坑安全；二是运行期，泄洪冲砂洞必须具备足够的泄流能力、安全流态、结构安全，特别是要保证发电洞进口泥沙"门前清"，减少泥沙对水轮机的磨损；三是运行期能够人为降低库水位，为大坝检修创造必要的条件；四是单项工程施工过程中互相干扰少；五是尽量降低工程造价。

（2）建筑物特性及功能要求

本工程的施工导流采用河床一次断流、无压隧洞导流方式。导流洪水标准在围堰挡水阶段是10年一遇标准，洪峰流量为 600m³/s，围堰挡水削峰后最大泄量476m³/s；在坝体临时断面挡水渡汛阶段是100年一遇标准，洪峰流量是 Q = 1 574m³/s，坝体临时断面挡水削峰后最大泄量717m³/s；在坝体挡水渡汛阶段是200年一遇标准，洪峰流量是 Q = 1 914m³/s，坝体挡水削峰后最大泄量1 014m³/s。因此导流洞在导流工作期间需要考虑宣泄不同频率洪水情况下的流态分析和工程安全问题。在导流工作期间，随着大河来水情况不同，有可能出现全段无压、进口有压后段无压、甚至短时间的明满流交替状态，洞线顺直布置和提高衬砌施工质量同样重要。

泄洪冲沙洞为深孔，担负泄洪冲沙任务，特别要保证发电进水口门前清，洞口高程低于发电洞1 020m控制，高程为920m。采用进口有压短管的无压隧洞。最大泄量按照下游防洪保护标准控制为500m³/s。洞内为高速水流，洞线布置必须顺直，末端采用底流消能归槽。

发电引水洞为深孔，担负发电引水和灌溉放水任务，引水口底高程940m，比死水位低15m。采用圆形有压隧洞，设计引水流量122m³/s，洞径6.4m。洞线的平面和立面体型主要受地质和地表地形影响，与泄洪冲沙洞线冲突时可以调整和避让，布置相对灵活。

（3）工程布置方案分析与优化

曾经研究讨论并否定的方案组合有：左岸导流洞布置方案；左岸溢洪道和溢洪洞方案；发电洞与泄洪洞左右岸分开布置方案；发电洞与泄洪洞左岸组合布置方案。每个方案都是以大坝为核心的一套组合系统，通过定性和定量分析权衡比较，同时寻找替代方案或者说更优方案，最终逐渐形成共识：右岸"U"形河湾地形条件好，洞线长度短；右岸基本可以规避高边坡风险；右岸交通条件好，施工和管理方便。所以，优化右岸为主的布置方案成为定量分析的重点，右岸的方案又经历了三次优化过程。

早期从简化布置和控制投资角度出发，首先研究的是三洞独立方案：即导流洞完全按照导流工况下最优的要求，自由独立布置，后期封堵废弃或留作特殊放空洞；泄洪冲砂洞与发电引水洞按照自身工作要求和地形地质条件优化布置，两洞进口就近布置，尽量使发电洞"门前清"。

随着泥沙淤积模型试验和泥沙淤积数值分析工作的深入，发现导流洞洞口淤积很快，不能作为冲沙底孔保留，泄洪冲沙洞作为底孔调节泥沙，才能满足50年淤积情况下的运行要求。因此导流洞布置时应按照后期改造成泄洪冲沙洞创造条件选择洞线，同时兼顾泄洪冲沙洞在利用导流洞后段前提下的洞口位置合理性，因此又深入研究了两洞联合方案：即导流洞联合布置，后期后段以"龙抬头"方式改造成泄洪冲沙洞，永久工程和临时工程相结合，降低工程造价；泄洪冲沙洞与发电洞口就近布置。

与此同时，考虑到右岸岩石开挖难度较大，泄洪与发电塔联合成一个开挖面比单独布置造价节省并且冲沙效果更好的优点，又进一步研究了三洞联合方案：即导流洞后段与泄洪洞联合布置；泄洪洞进口与发电洞进口联合布置。形成了最终优化的枢纽布置格局，详见图15。

6.4.5　古河槽处理方案研究

坝址右岸玛纳斯河Ⅳ级阶地东西向"U"形平台，是工程勘察确定的 C2 砂砾石料场，下伏古河槽且埋藏深度很大，构成绕坝渗漏通道，必须进行防渗处理。

（1）古河槽形态研究

从清玛汇合口沿清水河支流北岸观察，可以清晰地看到Ⅳ级阶地平台下部，有玛纳斯河古河

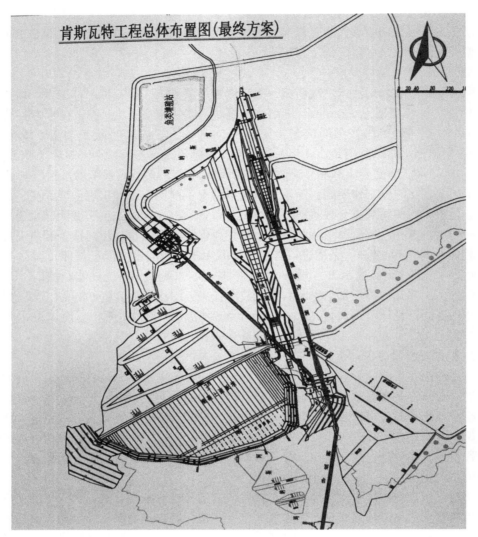

图15　设计优化布置示意

槽和清水河古河槽同时露出。查清古河槽形态既是古河槽防渗的需要，也是分析大坝右岸各条洞线围岩条件的需要。为此，专门布置钻孔 14 个，结合料场和大坝勘探孔，绘制了古河槽基岩顶板等高线，准确描绘出古河槽边界及形态。其中清水河古河槽岸边出露形式为宽浅式，底板高程 996~1 008m，高于水库正常蓄水位 990m，对水库蓄水没有影响；玛纳斯河古河槽，进出口岸边出露形式均为深槽式，底宽 80~120m，切割深度约 60m（相对Ⅳ级阶地顶面），古河槽由清水河和玛纳斯河汇合口进入枢纽区右岸Ⅳ级阶地，北东向延伸，穿过Ⅳ级阶地流出，古河槽进口处最低点基岩顶板高程 950.2m，出口处最低点基岩顶板高程 936.1m，在坝后、枢纽区东侧约 500m 处以泉水形式溢出，为灌溉入渗水补给终年不断流。因进口处基岩顶板处于水库正常蓄水位 990 以下 40m，构成地下邻谷，严重影响水库蓄水。

（2）古河槽充填物渗透性研究

为查明古河槽内卵砾石的物理力学性质，结合 C2 料场勘察，在古河槽进出口不同高程上，针对性布置了 7 个勘探平硐，在平硐内进行了现场大型颗分试验、天然密度及渗透试验，并取样在试验室进行了颗粒分析、比重、相对密度、压缩、剪切、渗透试验等试验，查明了古河槽为第四系中至上更新统冲积（Q_{2-3}^{al}）卵砾石层充填物，颗粒级配为：>200mm 漂石含量 7.3%，粒径 200～60mm 卵石含量 29.2%，粒径 60～2mm 砾石含量 50.2%，粒径 2～0.075mm 砂含量 9.9%，＜0.075 细粒含量 3.4%，天然密度 2.20～2.33g/cm³，孔隙比 0.17～0.22，相对密度 0.77～0.90，渗透系数 5.1×10⁻³～2.2×10⁻² cm/s，属强透水或中等透水层。

根据水库正常蓄水位至玛河古河槽出口高差和水平距离分析，古河槽卵砾石最短渗径的实际渗透比降为 0.08，小于其允许渗透比降，因此水库蓄水沿古河槽集中渗漏时，卵砾石层不产生渗透变形破坏，对右岸坝肩稳定无影响；但因为渗流入口面积巨大，渗漏量很大，因此须采取适当防渗处理。古河槽入口地貌见图 16。

图 16　古河槽入口地貌

（3）古河槽充填物特性及处理方案研究

根据勘探资料，古河槽堆积的卵砾石层厚度变化较大，最大厚度达 61m，岩性较为单一，无砂夹层及其他软弱层，卵砾石层较密实—密实，以泥质胶结为主，局部有钙质胶结。在钻孔中发现有大于 600mm 的孤石。在古河槽底部与基岩面接触部位，在地下水的长期淋滤作用下，上部土层的水溶盐在基岩顶面处富集，经过一定的地质时期形成了一层钙质胶结层，该胶结层厚度 2～4m，胶结性强，钻探过程中可以形成柱状岩芯，利用柱状岩芯进行天然密度试验，其天然密度在 2.34～2.41g/cm³，取岩芯进行浸水，70d 内没有变化，没有出现软化现象。

因此，古河槽处理的目的主要是减少水库渗漏量，可选方案有从平台顶部实施水泥或水泥加膨润土的灌浆防渗方案；混凝土防渗墙方案以及进口表面封堵方案。其中进口封堵方案可以结合坝料开采开挖成稳定的坡面，在坡面上做黏土斜墙或土工膜斜墙或者混凝土面板防渗体系，都可以确保防渗效果，而且易于检修。

随着设计研究逐渐深入，最终优化为与开挖取料结合的混凝土面板防渗的进口封堵方案，运行效果良好。

6.5　主要建筑物设计与优化

6.5.1　挡水建筑物

本工程挡水建筑物包括水库拦河大坝、右岸古河槽封堵副坝、导流洞堵头三大部分，均为 1 级建筑物，共同组成水库完整的防渗系统。

6.5.1.1　水库拦河大坝

肯斯瓦特水利枢纽工程大坝采用混凝土面板砂砾石坝，坝顶高程为 996.60m，坝顶长度 475m，最大坝高 129.4m。主要研究内容包括坝顶高程确定、坝体结构与分区、基础处理、抗震措施、坝料设计、大坝分析计算等内容。

（1）坝顶高程

水库静水位以上的超高不是大坝富余高度，而是大坝运行过程中遭遇风浪、地震、洪水等情况下，保障坝体安全的重要因素，同时也不能过大，以免造成工程投资浪费。与混凝土坝相比，土石坝漫顶将会产生灾难性后果，因此碾压式土石坝设计规范对大坝超高的规定采取了强制性要求，即坝顶高程等于水库静水位加坝顶超高，并要求采取以下四种组合取大值确定坝顶高程，一是设计洪水位+正常运用情况的坝顶超高；二是正常蓄水位+正常运用情况的坝顶超高；三是校核洪水位+非常运用情况的坝顶超高；四是正常蓄水位+非常运用情况的坝顶超高+地震安全超高，其目的就是确保各种工况下不漫顶。组合计算结果见表6-5。

坝顶超高由波浪爬高、风雍水面高和安全加高三部分组成。风浪爬高是超高中的主要组成部分，也是各个大坝最具变化的因素，与当地气候、库区形状、水库水深、大坝轴线与主风向的夹角等因素有关，其中风速是关键因素，应根据气象资料获取历年最大风速的平均值，根据不同组合的要求考虑不同的安全系数及最不利风向，用于计算风浪要素及沿坝坡爬升的高度。风雍水面高度一般较小，但不能忽视。安全加高根据大坝级别和所处地形类型，按照规范选取，以控制不必要的富余量。

地震安全超高是专门应对地震沉降和地震雍浪设置的附加抗震措施，由工程场地的地震烈度决定，对强震区的大坝安全尤其重要。

大坝竣工时，尚应根据施工期沉降监测、三维有限元计算和工程类比情况，分坝段预留沉降高度，以确保坝顶超高长期满足运行安全需要，但不计入坝的计算高度。

根据以上原则分析计算，得到本工程四种组合下的坝顶高程，确定面板砂砾石坝防浪墙墙顶高程为998.0m，坝顶填筑高程996.60m，最大坝高129.40m。

表6-5 砼面板砂砾石坝坝顶超高计算

计算情况	项　目			
	水库静水位（m）	坝顶超高 y（m）	墙顶高程（m）	取值
正常蓄水位	990.00	5.12	995.12	
设计洪水位	992.98	5.12	998.078	998.0
校核洪水位	993.49	2.39	995.877	
正常蓄水位+地震	990.00	5.09	995.09	

（2）坝体结构

堆石坝是泛指用石料经抛填、碾压方法堆筑构成的一种坝型。因为堆石体是透水的，所以需要用土料、混凝土、沥青混凝土等材料作为防渗体，所以堆石坝一般都是分区坝，其中采用混凝土面板防渗的称为混凝土面板堆石坝，堆石体采用天然砂砾石料填筑时称为混凝土面板砂砾石坝。这种坝型起源于19世纪中叶，在20世纪中期引入振动碾薄层碾压施工技术后，坝体密实度大大提高，后期变形显著降低，使得采用刚性面板防渗成为可能并得到广泛应用，目前坝高正在向300m级发展。

混凝土面板堆石坝与其他类型的土石坝相比，具有一定的技术经济优势。在经济性方面，堆石密度大、抗剪强度高，因此坝坡可以较陡，坝底宽度小，坝体工程量小，同时引泄水建筑物长度可相应减小，可以节省大量投资。在结构安全方面，此类坝的防渗体在前坡，坝体从上游向下游由防渗面板、垫层料、过渡料、主堆石料到次堆石料构成透水性逐渐提高的自由排水体，层间还具有反滤作用，使得坝体实际浸润线很低，大部分坝体处于干燥状态，地震时不存在孔隙水压力升高和材料强度降低问题，抗渗稳定性和抗震安全性较好；第三是坝体分区受力明确，可以分区控制渗透性、变形模量和填筑指标，便于就地取材和充分利用开挖石渣料；第四是垫层区为半透水体，随坝体升高可以直接挡水度汛，简化了施工导流设施，有利于加快施工进度；第五是防渗面板处于表面，便于检修维护，而且随着大坝堆石变形控制技术的不断进步，新建大坝的变形越来越小，面板裂缝概率很低，防渗安全非常可靠。

用级配连续的砂砾石填筑面板坝，只要严格碾压，就能获得很高的变形模量，而且施工期即可完成绝大部分沉降变形，后期变形很小，对面板防渗安全非常有利。与爆破堆石的不同点主要在于粗粒料磨圆度高，颗粒间的咬合力低于堆石，抵抗水流冲蚀的能力低于堆石，因此控制好各个分区的坝料级配，使其满足自身渗透稳定和层间反滤要求，是工程成败的关键。

坝顶布置：土石坝坝顶布置应考虑坝顶构造要求、施工要求、运行管理要求和抗震安全等因素综合确定。根据以上因素，同时与国内同类高坝类比，确定坝顶宽度为10m。坝顶上游侧设防浪墙，防浪墙顶高程998.0m，满足超高要求；防浪墙为"L"形钢筋砼结构，墙顶高于坝面1.35m，满足安全人员安全和管理要求；迎水面墙高3.7m，底部与面板相接并设可靠的止水，满足防渗要求并尽量减少坝体填筑量；墙内侧靠近防浪墙设电缆沟，以满足坝顶照明需要；坝顶采用0.2m厚混凝土路面，向下游单向倾斜以利排水；坝顶下游侧设1 500mm高混凝土护栏，保证人员安全。

大坝坝坡：大坝上下游坝坡决定了大坝的体型，是坝体安全性与经济性最重要的设计参数，抗震稳定是主要控制条件。对于砂砾石面板坝，规范规定一般选取（1∶1.5）～（1∶1.6），相对于爆破堆石料坝要缓一些。与处于Ⅷ度地震区、坝高133m的新疆乌鲁瓦提全断面砂砾石面板坝（上游坝坡1∶1.6）相比，本工程所处区域构造稳定性也较差，距离区域性活动断裂仅12km，地震活动频繁，大坝地震设防烈度为Ⅸ度，抗震安全要求更高，结合本工程坝体动力计算结果，确定上游坝坡采用1∶1.7。下游根据施工运料要求设"之"字形上坝路，路间坝坡从抗震有利考虑，采取上缓下陡的形状，即坝顶以下两个马道间1∶1.7，其余马道之间为1∶1.5，路面宽10m，平均坡度为1∶2.0。下游护坡设浆砌石护坡，而且自坝顶至2级马道间采用砼网格及伸入坝体的土工格栅，以提高坝体的抗震稳定性，下游坝脚设置贴坡排水。

防渗面板：面板是重要的防渗结构，兼有防浪功能，混凝土面板厚度根据规范应按照顶部厚度不小于0.3m，水力梯度不超过200的原则确定。考虑到本工程坝高和北疆严寒气候特点，面板顶部厚度取0.4m，并按照 $d = 0.4 + 0.003\ 3H$ 计算控制（H为面板顶部至计算断面的高度），面板底部厚度为0.85m，与2013版新规范要求吻合；面板采用中部单层双向配筋，顺坡向配筋率为0.4%，坝轴线方向配筋率为0.35%，面板砼采用C30、F300、W12。为适应坝体的变形和滑模施工的要求，河床部位受压区面板宽12m，岸坡部位受拉区面板宽6m。

趾板：工程区基岩为泥质粉砂岩，遇水易风化崩解。按照《砼面板堆石坝设计规范》趾板基础开挖至基岩弱风化上部，趾板宽度采用设计水头/基岩允许渗流比降控制，本工程开挖至弱风化，基岩允许水力梯度为10～20，参照已建面板砂砾石坝趾板基岩水力梯度，本工程取15，同时控制趾板最小宽度不小于3m。本工程大坝趾板宽度控制930m高程以上为4m；930m至900m高程之间为6m；900m高程以下宽度为8m。趾板厚度为0.6～0.8m。趾板设一层双向钢筋，含钢率为0.4%，趾板基础设置锚筋，锚筋Φ28、长6m间排距1.5m。趾板砼采用C30、F300、W12。考虑地下水对普通砼有强腐蚀性，趾板砼均采用抗硫酸盐水泥。

大坝接缝止水：面板坝的接缝止水是坝体渗流控制的关键部位，由于面板不同部位应力与变形特点不同，需要对周边缝、垂直缝、水平缝和防浪墙缝分类设计。

周边缝设置三道止水，缝间用12mm厚沥青木板填塞。考虑到中部止水对混凝土浇注施工的干扰，将中部止水移至顶部，设置波形止水带。底止水采用F型铜止水，顶止水采用GB柔性填料止水，顶部设 8mm 厚三元乙丙 GB 橡胶复合板保护，用角钢、膨胀螺栓固定。周边缝外围设黏土保护，用厚度 1mm 不锈钢护罩保护，护罩顶部设 Φ50mm 圆孔，梅花形布置。

垂直缝分为张性缝与压性缝。河床部位受压区面板 32 块，岸坡部位受拉区面板宽 15 块。面板中间 5 条压性板缝设 1.2cm 厚三元乙丙橡胶片，以减少地震荷载对面板挤压破坏，其余压性缝缝间涂刷 1mm 厚沥青乳胶，底顶设置两道止水，顶部止水为 W 型止水铜片，顶止水采用 GB 柔性填料止水，GB 橡胶复合盖板保护。张性缝缝间涂刷 1mm 厚沥青乳胶，顶部柔性填料填筑面积略大于压性缝，其余与压性缝设置相同。

面板顶部与防浪墙之间水平缝是永久缝，需设止水结构，鉴于沟后面板坝溃决原因之一是面板顶部与防浪墙底板之间水平缝结构破坏，本工程针对水平缝设置三道止水，缝间 12mm 沥青木板填塞，底部设置 W1 型止水铜片，顶部设置波形止水带和 GB 柔性填料，GB 复合盖板保护。

防浪墙每 6m 设伸缩缝，与面板垂直缝错缝布置，缝间采用 W 型止水铜片，铜片与水平缝止水铜片"T"形焊接。

（3）坝体内部分区

按照砂砾石面板坝设计一般原则，坝体填筑分区从上游至下游分为上游盖重区（1B）、上游铺盖区（1A）、砼面板、垫层区（2A）、过渡区（3A）、主堆石砂砾料区（3B）、次堆石区（3C）、排水区（3E）、排水棱体（3D）及下游护坡。本工程料源丰富运距近，采用全断面砂砾石填筑，取消次堆石区；垫层料与坝体堆石之间满足层间反滤关系和变形协调要求，取消过渡层区；堆石体砂砾石虽满足自由排水条件，但考虑到细颗粒含量较多且水平碾压造成的渗透性差异问题，在坝体上游设置了竖向排水体并于坝底水平排水体连接，确保坝体干燥。坝体分区详见图 17。

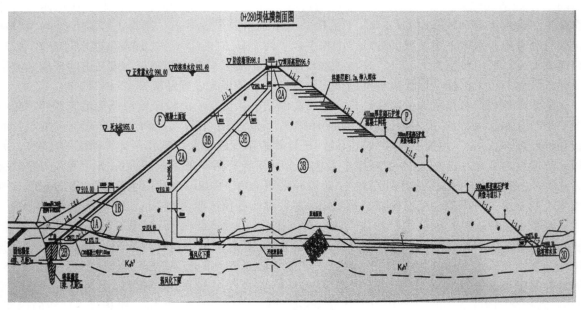

图 17　大坝横断面分区示意

上游盖重区： 顶高程 910m，顶宽 10m，上游坡度 1:2.5，采用任意粗粒料填筑。

上游铺盖区： 顶高 910m，顶宽 5m，上游坡度 1:2.0，采用 T5 料场风积黄土料填筑土料，$K=1.03\times10^{-7}$ cm/s。土料以粉粒为主，天然含水量低，为提高抗冲蚀能力，用石灰水改性制备并碾压密实，压实度不小于 0.97。

垫层料区： 水平宽度 4m，Dr≥0.85，渗透系数 2.7×10^{-2} cm/s，从料场筛分并经人工掺配而成。

特殊垫层区：置于周边缝后半径 3m 范围内，$Dr \geq 0.85$，渗透系数 1.5×10^{-2} cm/s，从料场筛分并经人工掺配而成。

砂砾料区：采用 C2 料场天然砂砾料，$Dr \geq 0.85$，渗透系数 9.8×10^{-2} cm/s。

排水体：包括竖向排水体和水平向排水体，竖向排水体顶部为 993.20m，坡度 1:1.3，水平宽度 5m，在 874.0m 高程与水平排水体相接；水平排水体厚度 5m，以 1.5% 的纵坡向下游延伸至排水体，$Dr \geq 0.85$，渗透系数 2.6×10^{-1} cm/s，采用料场筛分去除 80mm 以下粒径后的砂砾石填筑。

贴坡排水体：填筑体顶高程 875.00m，顶宽 3m，下游坡度 1:2.0，制备方法与坝体排水料相同。

（4）坝基及坝肩处理

左坝肩处理：坝体建筑物等级为 1 级，其左岸高边坡级别根据《水利水电工程边坡设计规范》（SL386—2007）规定，边坡破坏对坝体影响较严重，因此边坡级别确定为 2 级。左坝肩岸坡发育三条小冲沟，坡面起伏，顶部玛纳斯河 V 级侵蚀堆积（基座）阶地，阶地前缘呈陡坎，坡度 53° 或直立，阶地面高程 1 100m，阶地上部为 20~40m 风积黄土，下部为 70m 深的漂卵砾石层，其中上部 40m 漂卵砾石层为松散状态，坡度为 36°；下部 30m 漂卵砾石层为泥质弱胶结，坡度 79°~85°，底部高程 1 006~1 010m，高于水库最高水位 10m 以上。岸坡基岩裸漏，自然边坡 37°，为棕色泥质粉砂岩，呈厚层状结构，块状构造，属中硬岩，全风化层厚 0.2~0.5m，强风化层厚 4.5~7.8m，弱风化层厚 14~17m，无大的不稳定岩体。

为防止砂砾石陡坎垮塌影响坝体安全，初步设计采用削坡处理方案，按照基岩开挖边坡 1:0.5，开挖后及时喷锚；胶结砂砾石层开挖边坡 1:1，顶部松散层开挖边坡 1:1.5，开挖后挂网喷护 100mm 厚 C30 混凝土护面。在施工过程中，左岸趾板开挖和坝肩岩石开挖控制较好，没有扰动上部砂砾石，考虑到均在库水位以上，蓄水后塌岸可能性不大，且以松散体为主，地震情况下引起涌浪的概率不大，因此未进行处理，在最近两次 4~5 级地震中表现良好。

右坝肩处理：右坝肩岸坡冲沟不发育，坡面较平整，顶部玛纳斯河 IV 级侵蚀堆积（基座）阶地，阶地前缘高程 1 020m，呈陡坎状，坡度 80°，阶地上部为 0.5~2.0m 风积黄土，下部为 25~30m 漂卵砾石层，基岩顶板高程高于库水位，基岩岸坡坡度 35°，岩性为棕色粉砂质泥岩，呈厚层状结构，块状构造，均属软岩，岩体全风化层厚 0.2~0.5m，强风化层厚 5.5~7.5m，弱风化层厚 17~20m，坝肩无大的不稳定岩体。

右坝肩顶部为高阶地平台，平台顶部近岸边的砂砾石层呈直立状态，需要结合料场开采提前清除，以保证大坝基坑施工安全，竣工后不存在高边坡问题。右坝肩处理重点在于趾板平顺地延伸至坝顶高程，并做好坝肩、溢洪道控制段与古河槽防渗体的连接问题。

趾板及坝体基础处理：左右岸趾板、垫层基础均置于弱风化上部岩石基础上。趾板岩石开挖边坡为 1:0.5，覆盖层开挖边坡 1:1.5。由于基岩为软岩，在空气中易风化、崩解，基础开挖后需喷护 10cm 厚 C30 砼进行及时保护。河床段趾板、垫层基础，将表面覆盖及冲积层全部挖除，基岩开挖至弱风化上部，趾板下游 15m 范围内需挖除全部第四纪覆盖层，使填筑体置于与趾板基础同高的弱风化上部岩石上，为防止岩石风化崩解，开挖后应及时喷护。对趾板线上的断层、节理和破碎带分类处理，其中规模较小的节理、裂隙，清除节理和裂隙中的充填物后冲洗干净，在缝隙灌入水泥浆封堵，并加大加厚砼趾板，增大帷幕和固结灌浆范围，进行封闭灌浆处理；对规模较大的断层、破碎带需增设砼塞，在趾板下游浇注砼盖板或喷射砼，并在上部铺设水平垫层。

砂砾石填筑体在趾板下游 15m 以外范围，两岸遇倒悬岩石边坡按 1:0.5 开挖；遇不陡于

1∶0.5的岩石岸坡不做开挖处理，只须清除表面植被；两岸坝基遇松散坡积物需全部清除；河床段砂砾石覆盖层需清除松散部位、级配不良区域及表面超径卵石，以确保填筑体底部安全可靠。

趾板下岩基灌浆：在趾板范围内进行固结灌浆，设置4排，排距1.5m，孔距3m，灌浆深度为5m。帷幕灌浆从左坝肩灌浆平洞、趾板基础、右坝肩溢洪道控制段至古河槽基础防渗线，形成完整的防渗体系。帷幕深度根据建筑物的重要性、水头大小、地质条件、渗透特性确定，本工程挡水建筑物为1级建筑物，岩体透水性较弱，坝基帷幕防渗深度按小于3Lu和1/3坝高双指标控制。

左坝肩设城门洞型灌浆平洞，洞高3.1m，拱顶高1.5m，洞长20m，帷幕灌浆设置1排，孔距2m，平均孔深21m。趾板帷幕灌浆设置1排，孔距为2m，平均帷幕深度为21m。趾板顶部预留导向孔，预埋PVC管，待趾板混凝土初凝后拔出，孔位布置以趾板实际宽度为准。右坝肩帷幕灌浆与溢洪道控制段结合，右岸C2料场开挖后，以基岩顶板高程997.0m为边界点进行灌浆处理，并与古河槽基础帷幕灌浆结合。

因地下水对普通砼有强腐蚀性，喷护砼及灌浆均采用抗硫酸盐水泥。

（5）坝体抗震措施

本工程砼面板砂砾石为坝高129.4m的1级建筑物，工程枢纽区地震基本烈度为Ⅷ度，根据《水工建筑物抗震设计规范》SL203的规定，其工程抗震设防类别为甲类，根据其遭受强震的危害性，大坝抗震按照Ⅸ度设防，采用50年超越概率2%的地震概率，其相应基岩峰值加速度为393.5gal，属于抗震要求较高的大坝。其抗震措施必须全面加强：

设置足够的抗震超高：按规范要求，强震区的大坝地震涌浪高度一般采用0.5~1.5m，以应对地震涌浪高度和地震附加沉陷，本工程采用1.2m。

适当增加坝顶宽度：为了降低坝顶地震力作用，防止因坝顶堆石体塌滑而造成上游面板破坏，类比国内外强震区高坝工程实例，坝顶宽度采用10m，并适当降低防浪墙墙高度。

适当放缓上、下游坝坡：根据已建高程类比，确定上游坝坡1∶1.7，下游坝坡采用上缓下陡的形式，"之"字形道路之间坝坡为坝顶以下两马道间1∶1.7其余为1∶1.5，下游综合坝坡为1∶2.0。

加强分缝止水变形适应性：结合动力分析计算，止水及填缝材料采用能够适应本工程变形的防渗材料，面板中间5条压性板缝设1.2cm厚三元乙丙橡胶片，以减少地震荷载对面板挤压破坏。

适当提高压实标准：为减少后期变形和地震附加沉降，要求砂砾料碾压后的相对密度Dr≥0.85。

增设排水措施：在砂砾料区内设置竖向和水平向排水体，尽量降低坝体浸润线，防止地震时在坝体内产生过大的超孔隙水压力。

加强下游坝坡保护：本工程参考已建工程下游坝坡的抗震经验，确定采用土工格栅+钢筋混凝土网格配浆砌石后坡。具体做法是自坝顶以下2级马道间采用伸入坝体的土工格栅，伸入坝体长度为25m和10m隔层布置，层距为1.2m，每层水平通布；同时在表面设置钢筋混凝土网格梁，网格为4.8m×4.8m，梁断面尺寸为40cm×40cm，网格内砌筑40cm厚的浆砌石。其余区域坝后坡均砌筑40cm厚的浆砌石护坡，以增加表面约束。

（6）坝料设计

大坝坝料的设计控制，对大坝变形和面板防裂至关重要，需要对垫层料、特殊垫层小区料、排水料、坝壳砂砾料的料源选取、制备、填筑标准及指标做出具体且可行的技术要求。

料源特性分析：勘查的砂砾料料场有C2和C3料场。其中C2料场位于上坝址玛纳斯河右岸Ⅳ级侵蚀堆积阶地上，地形平坦开阔，运距近，储量丰富，料场级配良好，料场的有用层储量为

1 100多万 m^3，其中上层青灰色卵石混合土储量 460 多万 m^3，下层古河槽胶结卵石混合土储量 640 多万 m^3，确定为工程的主料场。根据试验结果：C2 料场上层的砂砾石最大粒径 400mm，且含量很少，粒径大于 150mm 颗粒含量为 16.8%，粒径 150~5mm 的颗粒含量 62.9%，粒径 5~0.075mm 的颗粒含量 18.8%，小于 0.075mm 颗粒含量 1.5%，不均匀系数 Cu=69.9，曲率系数 Cc=3.51，为级配连续的卵石混合土层，局部为混合土卵石，天然密度 2.28~2.35g/cm^3，天然含水率 0.8%~1.5%，干密度 2.25~2.30g/cm^3，渗透系数为 7.2×10^{-2}~8.9×10^{-2}cm/s。C2 料场下层的胶结卵砾石层最大粒径 400mm 左右，含量也极少；粒径大于 150mm 的颗粒含量 13.8%，粒径 150~5mm 的颗粒含量 69.2%，粒径 5~0.075mm 的颗粒含量 14.5%，小于 0.075mm 颗粒含量 2.5%；不均匀系数 Cu=28.9，曲率系数 Cc=1.95，为级配连续的卵石混合土层；砂砾石天然密度 2.20~2.30g/cm^3，天然含水率为 1.0%~2.1%，干密度 2.21~2.29g/cm^3，渗透系数为 5.1×10^{-3}~2.2×10^{-2}cm/s。C2 料场全料及剔除 80mm 以上粒径的垫层料的颗粒级配特征参数见表 6-6。

表 6-6　C2 料场特征参数

砂砾料	控制粒径			不均匀系数	曲率系数
	d_{60}	d_{30}	d_{10}		
C2 上层料	59.0	13.0	0.8	69.9	3.51
C2 下层层	53.0	14.0	1.7	28.9	1.95
筛分垫层料	16.0	2.3	0.31	51.61	1.07

从料源级配情况看，坝料偏细，只有个别探坑最大粒径超过 400mm，大粒径颗粒含量较少为 17.9%，小于 5mm 含量为 10%~33%，小于 0.075mm 含量低于 5%，与国内已建面板砂砾石坝过渡层料极为相似，为此设计优化了坝体分区，取消了过渡层。国内已建 100m 级面板砂砾石坝过渡料主要特性见表 6-7。

表 6-7　我国高面板砂砾石坝过渡区主要特性

坝名	建成时间	坝高（m）	宽度（m）	层厚（cm）	干密度（g/cm^3）	过渡料级配参数				来源
						最大粒径（mm）	<5mm 含量（%）	<0.075mm 含量（%）	级配	
乌鲁瓦提	2003 年	133	4	40~50	2.29	200			连续级配	天然砂砾石
黑泉	2000 年	123.3	3~15	60	2.24	300	15~25	<5	连续级配	天然砂砾石
古洞口	1999 年	117.6	5	40	2.2	300	15~35		连续级配	天然砂砾石
那兰	2006 年	109	4	40	2.2	300	>15	<3	连续级配	

垫层料的设计：本工程砂砾料储量丰富，运距近，砂砾料经筛分后基本能满足垫层料的要求，考虑工程投资及施工等方面的因素，本阶段采用天然砂砾料筛分来取得垫层料。

作为垫层料应首先要满足与主坝料之间的太沙基层间关系，即满足 $D_{15}/d_{85} \leqslant 4$，使坝料对垫层料具有反滤滞留功能，其中 D_{15} 为起保护作用的坝料特征值，小于该粒径的土重占总土重 15%

的粒径，为料场全级配料的固有特性，查主堆石区级配曲线 $D_{15} = 2.2mm$；d_{85} 为被保护垫层料特征值，小于该粒径的土重占总土重 85% 的粒径，需通过掺配 5mm 以下细颗粒后使垫层料级配曲线满足 $D_{15}/d_{85} \leq 4$ 的要求，掺配量根据上坝料情况随时调整。作为垫层料还应满足透水功能，能够自由排水，即 $D_{15}/d_{15} \geq 4$，也需要控制垫层料关键粒径。

经计算分析，本工程的垫层料需在 C2 料场筛分料基础上进一步制备，使其满足 dmax = 80mm，小于 5mm 含量为 40%~55%，小于 0.075mm 含量小于 5%。但 C2 料场全料在筛除 80mm 以上颗粒后，其获得率平均为 60%，小于 5mm 粒径的含量为 29.6%，级配不良；小于 0.075mm 含量低于 8%，不满足设计要求，需人工掺配达到设计级配。

垫层料的填筑标准根据规范和国内外相近工程初步确定：相对紧密度不小于 0.85，碾压层厚采用 40~60cm。

特殊小区料设计： 特殊小区料设计应该满足在趾板止水结构破坏导致面板坝渗漏时，上游铺盖区的粉土或悬移质细沙能够被滞留在特殊垫层区，以利于防渗安全或处理渗漏，同时应该满足自身的渗透稳定性，借鉴我国高面板堆石坝特殊垫层区的主要特性，可初步确定特殊垫层料 dmax ≤ 40mm，小于 5mm 含量 40%~60%，小于 0.075mm 颗粒含量在 5%~8%。垫层小区碾压层厚采用 15~20cm，相对密度不小于 0.85。特殊小区料与铺盖区粉土之间也应满足滞留功能 $D_{15}/d_{85} \leq 4$，其中 D_{15} 为起保护作用特殊小区料特征粒径，小于该粒径的土重占总土重 15% 的粒径；d_{85} 为被保护土料特征粒径，小于该粒径的土重占总土重 85% 的粒径。粉土的 d_{85} 值由试验测得，特殊小区料的关键粒径应依此值控制。

砂砾石坝壳料设计： C2 料场完全满足坝壳填筑用砂砾料质量要求，因而取用全料作为坝壳砂砾料场。其试验成果见表 6-8，质量评价见表 6-9。

表 6-8　C2 坝壳填筑料试验成果汇总

项目\时间	相对密度		自然休止角	大型直剪				渗透系数	临界比降	含泥量
	最小干密度	最大干密度		干燥状态		饱和状态				
				黏聚力	内摩擦角	黏聚力	内摩擦角			
				C	φ	C	φ	K	i_k	
	(g/cm³)	(g/cm³)	(°)	(kPa)	(°)	(kPa)	(°)	(cm/s)		(%)
2009 试验	1.87	2.27	37	18.6	42.0	13.4	40.0	9.8×10^{-2}	0.53	2.7
2006 试验	1.82	2.27	36	45.8	42.2	22.3	40.5	1.0×10^{-1}	0.55	5.4
2005 试验	1.85	2.29	36	56.5	41.8	52.4	38.9	5.1×10^{-2}	—	4.2
历年组数	22	22	22	22	22	22	22	22	14	22
历年平均值	1.85	2.28	36	40.3	42.0	29.4	39.8	8.3×10^{-2}	0.54	4.1

表 6-9　坝壳填筑料质量综合评价

序号	项目	质量指标	试验值	评价
1	砾石含量（%）	5mm 至相当 3/4 填筑层厚度的颗粒在 20%~80% 范围内	45.9	合格
2	紧密密度（g/cm³）	>2	2.30	合格
3	含泥量（%）	≤8	4.1	合格

（续表）

序号	项目	质量指标	试验值	评价
4	内摩擦角（度）	＞30	39.8	合格
5	渗透系数（cm/s）	碾压后＞1×10⁻³	$9.8×10^{-2}$	合格

（7）大坝排水体设计

当坝壳料填筑时由于施工时产生分离竖直向的渗透性远低于水平向，沟后水库失事后坝体渗流研究表明，当混凝土面板或伸缩缝出现损坏，入渗点较高时，进入坝体的渗水易沿着坝体填筑时坝料分离而形成的粗颗粒层向下游流动，又因坝体上部断面较窄，渗水极易在下游坝坡较高部位处逸出，对下游坝坡造成冲刷，影响坝体安全。

肯斯瓦特坝坝高 129.4m，虽然坝壳料的透水性较大但考虑到在坝体填筑施工时坝料产生分离坝体水平向透水性远大于竖直向透水性这一实际情况为确保坝体下游边坡的稳定在坝体内应设置可靠的排水系统。

竖向排水体设计：竖向排水体的设置原则：竖向排水体主要起集水作用将通过面板、周边缝及垂直缝的渗水汇集起来，通过水平排水体排出坝体，故水平排水体主要起输水作用，对通过竖向排水体进入下游坝体的渗流水也起汇集排水作用。从已建成的混凝土面板坝的漏水部位看周边缝和垂直缝是主要漏水通道，而面板裂缝可在面板任何部位出现，故竖向排水必须全断面（垂直河谷方向）设置，以截断通过坝体防渗线的所有渗水，避免渗水进入下游坝体内。

竖向排水体顶部高程的确定：已建工程坝内竖向排水体均没有到达坝顶高程，略低于正常蓄水位。面板上部裂缝的渗水利用其重力作用进入排水体。

排水体与坝壳料间的层间关系：排水体与壳料之间是否设置反滤层，其一是由其层间反滤关系决定的，肯斯瓦特坝壳砂砾料为连续级配料，经计算与排水体满足层间关系式。其二如果设置反滤层，反滤层将对细料拦截，于反滤层表面形成淤积层，渗透系数急剧降低，阻止水流入排水体而降低排水作用，造成浸润线抬高，当库水位降落时，会对面板产生反向浮托力，不利于面板稳定，另一方面，饱和后的坝料对坝坡稳定不利，特别是在遭遇地震时更为突出。处于以上两点考虑，本工程可取消排水反滤层设置。

竖向排水体的布置：竖向排水体底部布置在距坝轴线 B/4（B 为坝体底宽）的上游坝体内，底部垂直段高度 36m，为保证在坝顶附近排水体距垫层区有一段距离，竖向排水体顶部 980.8m 高程以上部分做成垂直的，布置在坝轴线处，底部和顶部垂直排水体间采用 1:3 斜线连接。右岸地形较为特殊，为保证右岸岸坡渗漏水能顺利排至底部水平排水体，右岸竖向排水体底部顺右岸岸坡设计截水槽，以使右岸岸坡竖向排水体中渗水能汇聚到水平排水体内。

水平排水体设计：坝内水平排水体的设置原则：根据乌鲁瓦提面板砂砾石坝渗流观测表明混凝土面板在运行初期渗漏量大些，但随着时间的推移，混凝土面板裂缝和伸缩缝的渗水通道被水流中的泥沙淤塞，渗漏量逐渐减少，在稳定渗流期，坝体渗水较小与初期渗漏量相比，可减少几倍到十几倍。根据混凝土面板坝渗漏量逐渐减少的特点确定水平排水体的设计原则如下：①运行初期坝体最大可能渗漏量由坝内水平排水体和底部坝体共同承担将渗水排出坝体。②稳定渗流期渗漏量由坝内水平排水体完全承担，排出坝体。③水平排水体的主要作用是将由竖向排水体汇集到的渗水输出坝体。故水平排水体必须布置在下游尾水位 868.59m 以上。

肯斯瓦特大坝渗漏量的估算：混凝土面板坝的可能的渗漏量主要与防渗面积（混凝土面板面积）、伸缩缝长度（渗水的主要部位）坝体高度（作用水头）有关，根据这三个因素进行工程类比是常用的方法之一，已建同类型工程渗流量统计数据见表 6-10。

表 6-10　已建同类工程渗流量数据统计

坝名 项目	塞沙那	阿里亚	辛戈	乌鲁瓦提	平均值
坝高（m）	110	160	150	138	
面板面积（m²）	25 050	136 800	126 440	65 330	
周边缝长（m）	450	1 060	1 034	842	
垂直缝长（m）	2 695	9 775	8 980	7 183	
总渗流量（L/s）	50	194	160	135	
周边缝单位渗流量［L/（s.m）］	0.111	0.183	0.155	0.160	0.152
垂直缝单位渗流量［10^{-2}L/（s.m）］	1.855	1.985	1.782	1.879	1.875
面板单位面积渗流量［10^{-3}L/（s.m）］	1.996	1.418	1.265	2.066	1.686

本工程的面板面积 8 601m²，周边缝长 767m，垂直缝长 7 912m，通过与四座同类型大坝的运行实测数据比对，估算坝体正常运行情况下的总渗流量应不大于 145L/s，以此数据作为排水体相关体型和断面尺寸控制的依据。实际竣工后测得的坝体渗流量不超过 20L/s，远远小于估算值，说明本工程防渗体系质量控制非常好，排水体的设计裕度稍显富余。

水平排水体宽度确定：根据已建工程经验，肯斯瓦特根据河床宽度取排水体总宽度 45m，为便于坝体填筑排水体布置成 4 个排水条带，厚 5m，排水体过水总面积为 225m²。排水条带与坝壳料间隔布置，坝壳料水平宽度 5m。为满足坝体最大可能渗水，对坝体过水断面要求下部高程 895m 以下必须采用干净的河床砂砾料填筑，使其具有一定的自由排水能力。

（8）坝料碾压标准

根据《碾压式土石坝设计规范》及《水工建筑物抗震设计规范》要求，确定坝壳砂砾料、垫层料、特水垫层料、排水料的相对密度均 Dr≥0.85，堆石坝体各分区的填筑，宜均衡上升，在垫层、排水体与一定宽度主堆石区范围内，相邻填筑层的高差，不宜超过 1 个堆石填筑层的厚度。垫层料的铺筑，应在上游坡面水平方向超填 20~25cm。垫层区的水平碾压，振动碾距上游边缘的距离不宜大于 40cm。垫层每上升高 10~15m 应进行一次垫层坡面碾压，碾压前坡面应当撒水、预碾，然后对坡面进行修整。修整后的坡面，在水平方向应超过设计线 9~17cm。斜坡碾压建议采用 16~20t 振动碾压实，先静压 4 遍，再振 8 遍，靠近溢洪道 976m 高程以上加强碾压，具体参数通过碾压试验确定。C2 料场砂砾料黏粒含量低于 5%，根据国内已建工程经验，坝体填筑时加水有利于提高压实密度，增加堆石体的早期变形，初拟碾压加水量为坝体填筑体积的 15%，最终加水量由现场碾压实验确定，本阶段坝料碾压标准见表 6-11。

（9）坝坡稳定及坝体应力变形

坝坡稳定采用北京水利水电科学研究院出版的《土质边坡稳定分析程序 stab2009》进行计算。计算断面取坝体最大填筑断面 0+280 进行分析。计算工况：正常蓄水位（990.0m）稳定渗流期的上、下游坝坡；正常蓄水位（990.0m）稳定渗流期+地震的上、下游坝坡；竣工期上、下游坝坡。计算结果显示各种工况下坝坡抗滑满足规范要求。

大坝的应力变形分析，委托中国水科院结合坝料动力特性研究进行，主要分析了材料的静动力特性，使用三维有限元模型进行大坝各种工况下的应力和变形分析计算，主要结论显示，大坝设计断面在正常运行及设计地震状态下静、动力反应符合一般规律，可以确保工程安全。

表 6-11　坝料分区及碾压要求

分区	坝料	坝料要求	碾压标准	渗透系数（垂直）	遍数	层厚（mm）	掺水（%）
1A	土料	T5 料场土料	大于 0.97	$K = 1.0 \times 10^{-7} \, cm/s$		400	7%石灰水
1B	任意料	弃渣					
2A	垫层料	C2 料场筛分掺配细砂制备，级配连续 Dmax = 80mm，小于 5mm 含量 40~55%，小于 0.075mm 含量 ≤8%	Dr≥0.85	$K = 2.7 \times 10^{-2} \, cm/s$	8	400	15
2B	特殊垫层区	垫层特别级配小区，C2 料场筛分制备，级配连续 Dmax = 40mm	Dr≥0.85	$K = 3.1 \times 10^{-2} \, cm/s$	8	200	15
3B	砂砾料	C2 料场全料，级配连续 Dmax = 400mm	Dr≥0.85	$K = 9.8 \times 10^{-2} \, cm/s$	8	600	15
3E	排水料	C2 料场筛分制备，粒径大于 80mm	Dr≥0.85	$K = 2.60 \times 10^{-1} \, cm/s$	8	600	

6.5.1.2　古河槽段防渗工程

古河槽堆积的卵砾石层最大厚度达 61m，为强透水地层，是水库漏水通道，必须做好防渗处理。在可研阶段确定的是混凝土防渗墙方案，采用两钻一抓法施工成墙。在初步设计阶段，考虑到古河槽内孤石和底部胶结层对防渗墙施工不利，临河侧残留砂砾石在蓄水后稳定性差，以及就近取料筑坝可以降低大坝施工费用等因素，经过技术经济比较后，决定采用封堵古河道进口的黏土斜墙防渗方案，并设置防冻垫层及表面防浪护坡组合的做法。副坝轴线控制以封堵古河槽线路最短为原则，基本垂直古河道布置。各不同阶段的处理方案简述如下。

防渗墙方案：砼防渗墙全长 295m，砼防渗墙顶高程为 996.6m，主要截断古河槽中的漂卵砾石的渗漏，墙底深入基岩内 0.5~1.0m，最大墙深 51.10m，墙体宽 0.8m。由于古河槽进口处砂砾石坡度较陡，又处于水位变动范围内，天然砂砾石边坡的稳定性不能得到保证，势必对发电、泄洪系统的运行安全造成影响，本方案需要对古河槽进口砂砾石陡坡做削坡处理。考虑地下水对普通砼有强腐蚀性，防渗墙采用抗硫酸盐水泥。

黏土斜墙砼护坡方案：将古河槽开挖成 1：1.5 坡面，铺设无纺布反滤防止黏土斜墙土颗粒流失；黏土斜墙最大坝高 46.09m，斜墙上游坡度 1：2.0；为防止黏土冻胀破坏，斜墙上游设砂砾石垫层料并压实，使上游坝坡达到 1：2.5；迎水面设 30cm 厚混凝土防浪护坡，坡面设排水减压孔，孔内用无砂砼回填，孔底设无纺布反滤条带，保证水位骤降时防冻胀垫层内水外排顺畅。黏土斜墙防渗方案具有技术可靠，施工简单，投资相对最少等优点，较砼防渗墙方案节约投资约 683.34 万元。

混凝土面板坝防渗方案：在施工过程中，由上往下取料开挖过程中，发现砾石层密实度很高且级配良好，质量甚至优于人工填筑的面板坝垫层，遂决定将迎水面开挖成 1：2 坡面，改用施工工序简洁的混凝土面板防渗方案，并将古河槽趾板及防渗帷幕与右坝肩顶部灌浆帷幕连接成整体，形成右岸副坝，减少了人工填筑工序，又节省工程投资，实际运行情况也非常好。

施工过程中的不断优化，体现了精益求精的设计态度，也是今后工程建设过程中应该借鉴的经验。

6.5.1.3 导流洞堵头工程

导流洞堵头属永久建筑物，其设计标准与大坝设计标准相同，为 1 级建筑物。设计挡水水位为 993.38m。堵头形式采用截锥形，可使压力较均匀的传递至洞壁岩石，根据计算结果，导流洞封堵体最小长度为 9.5m。结合导流洞实际地质情况及其他工程经验，导流洞堵头设计长度为 40m。导流洞后期改造为泄洪洞，导流洞堵头位置位于"龙抬头"抬头的起始上游侧。

6.5.2 泄水建筑物

本工程泄水建筑物由溢洪道和泄洪冲砂洞两座建筑物组成，共同担负泄水任务。

6.5.2.1 泄水建筑物规模及运用要求

肯斯瓦特水利枢纽工程属大（2）型Ⅱ等工程，泄水建筑物为 2 级；泄水建筑物设计洪水标准为 500 年一遇，泄洪流量 $Q = 2395.0m^3/s$，校核洪水标准为 5000 年一遇，泄洪流量 $Q = 2622.0m^3/s$。为确保枢纽安全，泄水建筑物须满足以下运用要求：

——泄水建筑物布置为两层，即溢洪道和泄洪洞，按不同高程布置，使泄水建筑物在水库运行调度中操作灵活、安全可靠。对大于 500 年一遇洪水采取溢洪道和泄洪洞联合泄洪。

——鉴于本工程坝高 129.4m，库容 1.88 亿 m^3，在泄水建筑物设计时应考虑当水库出现各运行工况时，泄水系统具有泄洪、灌溉和放空水库的功能。

——在泄量分配上，表孔应充分发挥溢洪道的超泄能力，加大溢洪道的泄量，在设计（或校核）洪水位时，其泄量应占总下泄量的 2/3~4/5，泄量组合见表 6-12。

表 6-12 水库各泄洪建筑物泄洪组合

运用方式	泄洪组合	入库流量（m^3/s）	库水位（m）	泄流量（m^3/s）			
				堰顶高程/堰宽	溢洪道	泄洪洞	总泄量
工况	设计	2 395	992.98	980/21	1 895	500	2 395
	校核	3 621	993.49	980/21	2 122	500	2 622

——溢洪道主要功能是保证大坝防洪安全，溢流宽度和堰顶高程原则上应满足：有足够的宽度以满足泄洪要求；溢流工况下的最高水位尽量低一些，以减少大坝挡水高度，符合经济性原则；堰顶高程尽量降低，以便能提前预泄控制坝前水位在汛限水位附近；尽量使表孔金属结构体型经济合理。

——泄洪洞兼有泄洪、冲砂及水库放空的功能，进口高程、孔口尺寸原则上应满足：进口高程足够低，以满足面板检修要求；进口高程应低于发电引水口 5m 以上，保证发电洞口门前清；应保证孔口金属结构安全可靠操作灵活；孔口尺寸足够大以保证防空水库的时间不能太长。

本工程坝高 129.4m，正常蓄水位 990m，汛限水位 984m，死水位 955m，发电引水口底高程 940m。故溢洪道堰顶高程初定 980m，溢流宽度 21m；泄洪洞进口底高程为 920m，比发电进口低 20m，且保证底孔闸门工作水头不大于 70m，处于国内金属结构常用水头范围。

6.5.2.2 溢洪道设计

溢洪道设计内容包括总体布置、堰型选择、堰顶高程优化、溢流宽度优化、泄槽宽度优化、泄槽体型优化及高速水流防空化设计、末端消能防冲设计、入河归槽保护设计和必要的分析计算。

主要开展的研究工作有：坝肩溢洪道控制段布置与大坝坝肩组合布置研究；溢洪道不同溢流

宽度与大坝坝高组合关系研究；堰型比选；溢洪道单体水力学模型试验研究，包括控制段过流能力率定、泄槽流态、消力池长度及深度等；泄槽宽度研究等内容。

（1）溢洪道布置优化

在工程总体布置研究时，否定了左岸溢洪道和旁侧溢洪道方案，确定采用坝肩溢洪道方案。坝肩溢洪道的轴线初步拟定两个方案：方案一，溢洪道轴线距离坝肩稍远，进水渠导墙与大坝趾板不结合；方案二，溢洪道轴线紧靠坝肩，进水渠导墙与大坝趾板结合。两个方案在工程布置和施工条件上各有优缺点，投资相差不大，但分开布置的方案存在施工开挖时两侧基坑互相干扰；大坝防渗线与右岸古河槽防渗线连接不顺畅；开挖遗留下的独立岩体对建筑物安全不利；坝顶交通布置不畅等问题，最终确定采用溢洪道导墙与大坝趾墙相结合的方案。

（2）溢洪道设计

溢洪道设计泄量 1 895.0 m³/s，校核泄量 2 122.0 m³/s，下游消能防冲标准相应泄量为 532m³/s。溢洪道由引渠段、控制段、泄槽段、消力池、出水渠组成。

引渠段：为矩形断面引渠长 38.0m；渠底宽由 43.0m 渐变为 25.0m；渠底板高程 976.0m，纵坡 i=0，底板采用 C20 混凝土衬砌，厚 0.5m。边墙为衡重式混凝土挡墙，左侧与大坝趾板开挖边坡相接，右侧开挖与发电洞进水塔开挖边坡相接。

控制段：钢筋混凝土分离式结构的开敞式闸室，实用堰堰型，设 3 孔净宽 7.0m 的弧形闸门，液压机启闭控制水流。堰顶高程 979m，闸墩宽 2m，墩顶与坝顶高程一致为 996.6m。闸室后部设 8m 宽的交通桥连接大坝及对外交通道路。在控制段前部堰前平台上对基础底部进行固结灌浆和帷幕灌浆，与大坝和古河槽防渗帷幕灌浆相连形成封闭防渗体系。

泄槽段：泄槽段总长 299m，采用的钢筋混凝土分离式底板、两侧不同形式混凝土挡墙的结构型式。为适应高速水流要求，体型设计遵循轴线顺直、平面渐变、立面顺畅的原则。其中，0-003~0+046 为调整渐变段，纵坡 i=0.01，底宽从 25.0m 渐变到 20.5m；0+046~0+070.9 为抛物线连接段，底宽从 20.5m 渐变到 18.0m；0+070.9~0+296 为主泄槽段，长 225.1m，纵坡 i=0.4，其中：0+070.9~0+220.9 段底宽为 18.0m，0+220.9~0+296.0 段底宽从 18.0m 渐变到 25.0m，连接消力池。为满足抗冲耐磨要求，泄槽段底板采用 C25HF 钢筋混凝土，泄槽段边墙采用 C25HF 素混凝土。为降低扬压力，底板下设置纵、横排水管。泄槽底板设锚杆锚固。

泄槽段岩石临时开挖边坡 1：0.3，永久开挖边坡 1：0.75；砂砾石开挖边坡 1：1.5，马道间高差 10~15m，马道宽 2m。岩石永久边坡采用 C30 混凝土打锚杆挂网喷护，厚 10cm；砂砾石边坡采用 30cm 厚浆砌石护砌。

消力池段：由于本工程地形不具备挑流消能的条件，本工程溢洪道消能防冲型式定为底流消能消力池方案。消力池桩号为 0+296.0~0+356.0，长 60.0m，宽 25.0m，池深 6.5m。边墙采用 "L" 形挡墙，墙高 14.0m，厚 0.8~1.5m，底板厚 1.5m。池身均采用 C25 高性能钢筋混凝土。底板与边墙设置锚筋桩进行锚固，锚筋桩孔排距为 4m×4m，深入基岩 9.0m。消力池池身每隔 15m 设置一道横缝。

出水渠段：出水渠段桩号为 0+356.0~0+590，全长 234.0m。采用梯形断面混凝土衬砌明渠与河床相接。

防腐设计：考虑地下水对普通混凝土有强腐蚀性，溢洪道控制段基础及边墩、泄槽段、消力池混凝土均采用抗硫酸盐水泥。

（3）设计计算与模型试验

设计计算主要有水力学计算及模型试验验证，结构稳定和强度验算。溢洪道各个部分的稳定和结构计算均按照规范进行，但溢洪道高速水流的流态稳定和消能安全是工程安全的前提条件。设计研究过程中开展了闸堰泄流能力计算、泄槽水面曲线推求、掺气水深计算和消力池流态分析及明渠水力要素计算，计算结果与西北水科所 1：60 比尺的水力学模型试验结果相吻合，试验结果反映溢洪道体型合理。其中，溢洪道消能防冲设计洪水标准为 50 年一遇，相应流量为 532m³/s，计算确定消力池深度为 6.5m，消力池长度为 60m（水平段），消力池墙高 14m，经模型试验证明，流态良好。另外，根据模型试验测定，在 0+183 处需设置掺气减蚀设施。

6.5.2.3　泄洪洞设计

泄洪洞在枢纽中的作用是与溢洪道配合渲泄洪水，同时担负水库冲砂及放空任务。规划条件为：防洪限制水位 984m 时，设计泄量满足 500m³/s。在工程总体布置研究时，否定了左岸泄洪洞方案，确定采用右岸方案。

泄洪洞设计内容包括与枢纽总体布置协调、洞线及洞型选择、进口高程优化、体型优化及高速水流防空化设计、消能防冲设计、入河保护设计和分析计算。

主要开展的研究工作有：集中在右岸开展了导流洞与泄洪洞轴线组合研究；泄洪洞进口与发电洞进口组合研究；泄洪洞体型优化及水工模型试验研究；出口消能防冲形式研究；联合进水塔顶高程优化；联合进水口引渠高边坡处理方式研究等。

（1）泄洪冲沙洞布置优化

泄洪洞轴线布置优化：由于采用导流洞改建成龙抬头结合方案，轴线的优化须考虑对导流洞的影响。按照地形、地质条件及隧洞外侧的覆盖厚度综合考虑分析，可研阶段所选定的轴线是较为合理的。由于受地形限制，洞线在前进方向上向左摆动的幅度很小。如果洞线往左摆，为了保证局部段的覆盖厚度，导流洞线需要再增加一个或两个拐点，较不合理；如果洞线往右摆，则洞线加长，施工支洞加长，投资增大。所以本阶段对导流、泄洪洞的轴线不做调整，只对泄洪洞的进口位置及发电洞轴线做进一步优化，详见以下章节。

塔顶高程的复核：设计阶段，根据《水利水电工程进水口设计规范》（SL285—2003）中关于塔顶高程确定的相关规定，将塔顶高程由 996.6m 调整为 995.0m。

泄洪洞进口方案比选：泄洪洞和发电洞的进口布置有两种选择：一是泄洪洞和发电洞进水塔单独布置，并各自开挖；二是泄洪洞和发电洞进水塔联合布置，进行联合开挖。为使发电洞口"门前清"，并考虑工程量的节省，经过多次位置调整，确定了发电洞进水口与泄洪洞联合布置的方案。即发电洞进水塔与泄洪洞布置在同一垂面上，且垂直于泄洪洞轴线；发电洞与泄洪洞轴线之间的距离为 23m；两塔前的引渠合二为一；联合布置可减少投资 196.35 万元，作为推荐布置型式。

（2）泄洪冲沙洞设计

泄洪洞布置在库区右岸，由导流洞改建而成，设计泄量为 500m³/s。泄洪洞轴线除进口明渠段转弯外，进水塔及泄洪洞轴线与导流洞轴线在平面上重合，两洞高程相差 40.0m，采用龙抬头与导流洞结合，为无压洞泄洪洞，总长 900.14m，由引渠段、进水塔、龙抬头、洞身结合段、出口泄槽段、消力池及护坦段组成。

引渠段：引渠段长 123.6m，底板高程 920m，宽 13.67m，纵坡 i=0，梯形断面。引渠进口与泄洪洞轴线成 45°角，通过半径为 30.0m 的圆弧连接。岩石边坡 1：0.6，每 15m 高设一级马道。935.0m 高程以下边坡及底板采用 C20 砼护砌，厚度为 0.3m，以上边坡采用 C30 砼打锚杆挂网喷护，厚 10cm，锚杆间距为 2.0m×2.0m。

闸井段：进水塔为岸塔式结构，与发电洞进口联合布置，采用有压短管进口形式。进水塔长 27.0m，宽 11.0m，有压短管进水口，底板高程为 920m，顶部平台高程为 995.0m。布置有 1 道平板事故检修闸门和 1 道弧形工作闸门，事故检修门孔口尺寸 4.0m×5.2m，工作门为弧门，孔口尺寸 4.0m×4.1m。塔内设检修电梯和爬梯，进水塔与坝顶有交通桥相连，交通桥与塔顶同高。进水塔一周 950.0m 高程以下均为新鲜岩石，采用垂直开挖，935.0m 高程设一处马道。950.0m

高程以上，弱风化层按 1∶0.3 开挖，强风化层按 1∶0.6；砂砾石层开挖按 1∶1.5 控制。

与导流洞连接段："龙抬头"段长 176.16m，包括渐变段、抛物线段、斜坡段和反弧段。渐变段长 30m，平坡，底板高程 920m，由 4m×7.0m 矩形断面渐变为城门洞形，衬砌厚度为 1.2m；抛物线段水平长 82.5m，起点高程为 920m，抛物线方程为 $x^2 = 330y$，后接斜坡段和反弧段，为 6.0m×6.7m 城门洞形，衬砌厚度为 0.8m；斜坡段水平长 37.4m，坡度 1∶2；反弧段水平长 26.26m，反弧半径 R=60m，角度 26.1°，衬砌厚度 1.2m，反弧末端高程 874.35m，反弧段最大流速为 37.84m/s。

与导流洞结合段：洞身结合段长 308.32m，为 6.0m×6.7m 城门洞形，衬砌厚度为 0.8m，遇断层处衬砌加厚为 1.2m，纵坡 i=0.0095，隧洞出口底板高程 871.42m。

出口明槽段：出口明槽段分为两段，第一段长 30m，纵坡 i=0.0095，为矩形整体式钢筋砼结构，底宽 6m，边墙高 7.7m，底板厚 0.8m，边墙顶宽 0.6m，底宽 0.8m；第二段长 109m，纵坡 i=0.10，为矩形整体式钢筋砼结构，底宽由 6m 渐变到 15m，边墙高 7.7～15.0m，底板厚 1.5m，边墙顶宽 0.8m，底宽 1.5m。

消能防冲段：消能段包括消力池段及下游护坦段组成。消力池为矩形断面，整体式钢筋混凝土结构，长 70.0m，宽 15.0m，池深 6.0m，边墙高为 15m，底高程 860.64m；消力池底板厚 2m，边墙顶宽 0.8m，底宽 2m。上部每隔 3.5m 设断面为 0.4m×1.0m 的撑梁。消力池与下游河道由护坦段相连，护坦段长 110.18m，梯形断面，底宽 15.0m，边坡 1∶0.75，纵坡 i=0.002；底板采用 C25 砼护砌，厚度为 0.4m；边坡前段 20m 采用 C25 砼护砌，厚度为 0.3m，衬砌高度 7m；边坡后段采用 C25 砼喷护，厚 10cm。后接坡比为 1∶3 的陡坡，陡坡水平长 7.25m，坡底高程 864.0m，使池内水流平顺导向下游河道。

防腐设计：考虑地下水对普通砼有强腐蚀性，进水塔下部、泄洪洞洞身段、出口明槽段及消力池段砼均采用中等抗硫酸盐水泥。

抗冲磨设计：泄洪洞泄洪工况的最大流速接近 38m/s，且在导流期间难免推移质泥沙磨蚀，故须进行抗冲耐磨材料设计。高标号混凝土、硅粉混凝土、钢纤维混凝土、环氧砂浆等材料都是常用手段。经了解，新型材料 HF 高性能混凝土通过专用外加剂减水、改善混凝土和易性并激发优质粉煤灰的活性，使粉煤灰可以起到与硅粉同样的作用，即显著提高混凝土的整体强度并使混凝土的胶凝产物致密、坚硬、耐磨，改善胶材与骨料间的界面性能，使混凝土形成一种较均匀的整体，提高了混凝土的抗裂性和混凝土的整体强度，提高混凝土抵抗高速水流空蚀和脉动压力的能力，达到提高混凝土抗冲耐磨性能。已经成功应用到 150 多项工程中，有成功抵抗最大流速 42m/s 的冲磨实例，在本工程中予以采纳。

（3）设计计算与模型试验

设计计算主要有水力学计算及模型试验验证、结构稳定和强度验算。

水力学计算：分别开展了有压短管过流能力计算、龙抬头体型计算、洞内水面曲线推求、掺气水深计算和消力池流态分析及明渠水力要素计算，计算结果与模型试验具有较好的一致性。西北水科所的试验模型比例采用 1∶60，试验结果反映泄洪洞体型基本合理。计算和模型试验表明，洞内最大流速达 38m/s，需要设置掺气减蚀设施。出口岩石为软岩，采用底流消能，消力池长度 70m，池深 6m，模型试验反映流态良好。

塔井稳定和结构计算：塔井属于高耸建筑物，按照刚体平衡理论做稳定和结构计算和拟静力法进行抗震稳定计算，满足安全要求。按照规范要求，又进一步委托天津大学做了三维有限元静、动力数值仿真计算。计算结果表明：

——在静力工况下，进水塔最大拉应力出现在校核工况，值为 3.41MPa，位于弧门支铰部位，大于混凝土抗拉强度值，但可通过配筋等加固解决。

——在静力工况下，最大压应力出现在校核工况，值为 3.25MPa，位于流道入口边墙上，满足规范要求。

——在静力工况下，基底竖向正应力，在各种静力工况下，竖向正应力均为压应力，最大值为 2.63MPa，小于地基承载力，满足要求。

——在静力工况下，进水塔结构沿建基面的抗滑稳定结构系数最小值为 3.47，出现在正常蓄水位工况，大于规范允许值。因此，在静力工况下，泄洪洞进水塔结构满足沿建基面的抗滑稳定要求。

——基于振型分解反应谱法的动力工况（计入静力荷载）下，进水塔各项拉应力的最大值、最小值均出现在正常蓄水位下的Ⅸ度地震烈度工况。其中顺水流向正应力最大值为 1.26MPa，最小值为-1.36MPa；垂直水流向正应力最大值为 1.74MPa，最小值为-1.51MPa；竖向正应力最大值为 3.05MPa，最小值为-5.59MPa。各项正应力均满足混凝土动态抗拉和动态抗压强度要求。

——基于时间历程分析法的的动力工况下，进水塔大部分区域主拉应力在 0.01~1.5MPa 范围内，小于混凝土的动态抗拉强度，但局部区域存在较大的拉应力，一般在 2.0~3.5MPa 范围内，超过混凝土的动态抗拉强度。但考虑由于数值分析没有考虑配筋影响，实际对结构整体影响不大。

根据计算结果调整了局部尺寸和加强配筋。

联合进水口高边坡稳定计算：发电洞及泄洪洞联合进水口建筑物等级为 2 级，其引水渠及塔周边坡级别根据《水利水电工程边坡设计规范》（SL386—2007）表 3.2.2 中规定，边坡破坏对建筑物影响为严重，因此边坡级别确定为 2 级。

边坡稳定采用中国水利水电科学研究院开发的《岩质边坡稳定分析程序 EMU2007》进行计算；计算断面取联合引水渠最大开挖断面；计算工况有：正常蓄水位（990.0m）降落至死水位（955.0m）、校核洪水位（993.38m）降落至死水位（955.0m）、正常蓄水位时遭遇地震 3 种情况；计算参数根据岩石试验结果取偏于保守的指标；计算结果显示，边坡按照 1：0.6 分级开挖并设马道可以保证总体稳定要求。

在施工开挖过程中，由于不利结构面组合作用，边坡发生了局部滑塌，因此，被迫将边坡调整为 1：0.85，因开口宽度已定，二次开挖非常困难，只好将泄洪洞进口底高程从 920m 抬高至930m，以保证施工和运行安全，调整后的边坡运行情况良好。此项教训再次警醒我们，在岩质边坡稳定分析时，不仅要研究岩层走向和倾向，更重要的是要查清和确定软弱夹层、各种不利结构面和结构面组合情况，准确界定最危险滑动面，才能使稳定计算结果真实可靠，才能合理确定锚固方向和吨位，确保施工和运行安全。

衬砌结构计算：泄洪洞衬砌内力计算采用结构力学方法；计算模型为城门洞形；计算工况根据泄洪洞运行期时段不同，分洞段计算；采用最不利的荷载组合及相应的安全系数控制值。其中山岩压力、自重、内水压力属确定性荷载，外水压力则要慎重分析，如计算断面与大坝防渗线位置关系、是否设排水孔、围岩渗透性因素等。计算中还应考虑固结灌浆圈的联合承载作用。结合工程类比确定结构尺寸和配筋方案。本工程下平洞段、龙抬头段衬砌厚度为 0.8m；进口及渐变段衬砌厚度 1.2m，双层双向配筋。

6.5.3 发电引水建筑物

（1）引水建筑物布置优化

枢纽工程总体布置方案研究时，已否定了发电洞和泄洪冲沙洞组合布置在左岸的可能性，右岸组合布置优化需要进一步研究。主要从隧洞轴线、进水口位置方面进行优化。

洞线布置优化：发电洞洞线布置要保证结构安全、运行可靠和经济合理。从平面布置看，发电洞上平洞段与溢洪道泄槽段空间立体交叉，溢洪道泄槽段底板与发电洞洞顶高差应大于 0.4 倍内水压力；发电洞靠近岸边，外侧围岩厚度也不能小于 0.4 倍内水压力的要求。从水电站运行可靠方面考虑，隧洞总长度应尽量短，最好不设调压井就能满足机组调节保证计算条件。从经济合理方面看，出洞口位置还要考虑厂房基坑开挖量及边坡稳定要求，下平洞段为高压管道，应尽量缩短以降低投资。设计优化后的洞线由上平段、斜井段、下平段组成，总长度 558m，经压力水道过渡过程分析计算，可以不设置调压井。

进水口布置优化：中国水科院的《肯斯瓦特水库坝区泥沙物理模型试验研究》成果表明，泄洪洞进口贴近发电洞或直接布置在与发电洞同一垂直面上，对降低发电洞前淤沙高程更有利。因此开展了发电洞进水口靠近泄洪洞口单独布置或联合布置的比选研究，确定了两塔组合、迎水面齐平、进口极限靠近、共用引渠联合开挖的方案。

（2）引水建筑物设计

发电引水洞及地面厂房布置于右岸；设计流量为 122.6m³/s，有压圆洞直径 6.4m，洞线长度 588m，"Y" 形分岔为四台机组供水。整个系统由进口引渠段、塔井段、上平洞段、平面转弯段、斜井段、下平洞段和岔管段组成。

进口引渠段底板高程为 940.0m，与泄洪洞引渠联合开挖，岩石临时边坡 1:0.3，岩石永久边坡 1:0.6，砂砾石永久边坡 1:1.5。

进水口塔井采用岸塔式结构，发电洞塔井与泄洪洞塔井布置在同一垂线上，两塔井顶部相连接，塔井底板高程 940.0m，塔顶高程为 995.0m，塔井内设拦污栅和事故检修门。

上平洞段长 247.1m，坡度 i=1:200，内径 6.4m，钢筋混凝土衬砌。

斜井段长 78.65m，坡度 i=1:1，采用钢内衬加 0.7m 厚混凝土衬砌，内径 6.0m。

下平洞段长 175.28m，坡度 i=1/200，断面尺寸和衬砌型式与斜井段相同，出口接月牙肋岔管，主管内径 6.0m，支管内径 3.2m，岔管外包采用 C25 钢筋混凝土。

（3）发电厂房

发电厂为地面厂房，布置于大坝右岸，由主厂房和副厂房组成，装有 3 大 1 小共 4 台机组，大机组单机容量为 30MW，小机组为 10MW，为满足生态基流泄放，小机组须长年运行。

（4）设计计算

设计计算主要内容包括洞口高程及防止吸气漏斗计算、调压室判别计算、水头损失计算；塔井稳定和结构静动力计算及三维有限元仿真计算；抗震安全分析；衬砌结构计算；压力钢管结构计算等。

6.5.4 工程监测设计

为及时掌握大坝在施工期和运行期的工作性状，保障工程安全运行，肯斯瓦特水利枢纽工程设置了必要的安全监测设施。监测项目包括大坝变形、渗流、地震反应等五大类，均配备相应的仪器设备和防护措施。主要监测项目及设备布设情况见表 6-13。

表 6-13 主要监测项目

序号	项目或设备名称	单位	数量
一	大坝变形监测		
1	内部变形监测		
	引张线水平位移计	个	26
	引张线水平位移计自动控制测量系统	套	5
	水管式沉降仪	个	26
	水管式沉降仪自动控制测量系统	套	5
2	外部变形监测	套（含仪器）	1
3	裂缝监测		
	单向测缝计	支	12
	三向测逢计	组	11
	脱空计	支	9
4	岸坡位移监测多点位移计	套	6
5	混凝土面板变形监测固定式测斜仪	个	30
二	大坝渗流监测		
1	量水堰测渗流量	台	1
2	坝体坝基渗流压力计	支	29
3	绕坝渗流压力计	支	7
三	混凝土面板应力监测		
1	三向应变计	组	10
2	五向应变计	组	5
3	无应力计	支	15
4	温度计	支	15
5	二向钢筋计	组	15
四	水文气象监测	套	1
五	自动化监测系统（含软件）	套	1
六	其他设施强震仪	台	8
七	施工期观测		
	监测服务	年	2
	资料整编分析服务	年	2
	监测仪器设备维护服务	年	2

第7章 工程施工遇到的问题及处理经验

7.1 垫层料级配及碾压质量控制经验

7.1.1 垫层区作用及垫层料质量要求

库克和谢拉德认为，混凝土面板堆石坝主要分为垫层区和堆石区，其中垫层区是面板直接支撑区，它承受面板传递的水压力并均匀传递给堆石体，在正常运用时，垫层料的压缩变形直接影响面板的应力应变状态，当面板裂缝渗水时，垫层料还要具有一定的抵抗和削减渗透压力的能力；在施工期，一旦遭遇大洪水需要坝体临时断面挡水时，垫层料实际还要承担应急度汛防渗任务。而过渡区则是对垫层区的反滤保护，以防止渗流发生时垫层里的细颗粒流失造成变形。因此过渡层是按照反滤条件设置的，而垫层料对面板堆石坝来说，是不可或缺的关键组成部分，它的料源质量、设计级配控制和施工质量控制至关重要。

混凝土面板堆石坝设计规范对垫层料要求：级配连续，最大粒径 80~100mm，粒径小于 5mm 的颗粒含量宜为 35%~55%，小于 0.075mm 的颗粒含量宜为 4%~8%。压实后应具有内部渗透稳定性、低压缩性、高抗剪强度，并具有良好的施工特性。严寒地区还要满足排水性能要求。垫层料可采用经筛选的砂砾石、人工砂石料或其掺配料。规范对周边缝下游侧的特殊垫层料要求：宜采用最大粒径小于 40mm 且内部渗透稳定的细反滤料，薄层碾压密实，压实标准不低于垫层料，同时对缝顶细砂、粉煤灰等起到反滤作用。

级配连续：粗粒土同时满足不均匀系数 $C_u \geq 5$、曲率系数 $C_c = 1\sim3$ 为连续级配。此级配应特指在坝面碾压到设计密实度的最终状态，碾压过程对级配的影响必须高度重视。天然砂砾石具有碾压级配稳定性，但天然状态下的粒径不满足连续性要求时必须进行人工掺配。爆破开采获取时，需要通过不断优化爆破参数以满足连续性要求，必要时也需要人工掺配。

内部渗透稳定：从面板堆石坝工作原理来看，防渗依靠面板及止水结构的完整性，受力主要靠堆石的低压缩性，混凝土为胶凝材料、堆石为粗颗粒骨架细料含量有控制，都具有很高的内部渗透稳定性。垫层区位置承上启下，兼有受力和抗渗任务，从坝体整体渗透稳定控制来看，既要对辅助防渗体细颗粒具有反滤作用，又要保证细颗粒不流失到主堆石区孔隙中，使自身孔隙增大及渗透系数增加，其内部渗透稳定性至关重要。所谓内部渗流稳定，最理想的模型就是卵石和粗砾石相互咬合形成稳定骨架，细砾石和粗砂紧密充填其间隙之中不能自由移动，细砂及粉粒进一步充填于更小孔隙中不能整体移动的一种状态。无黏性土的渗透变形研究表明，均匀土是内部结构稳定的土，渗透变形型式为流土；不均匀的土渗透变形型式有流土和管涌两种型式，主要决定于细料的含量，其中细料含量小于 25% 时为管涌型，大于 35% 时为流土型，中间为过渡型。管涌型土为内部结构不稳定的土，表现为孔隙充填度不充分，其渗流破坏的结果是只流失细颗粒，骨架结构的稳定性并不受影响，但渗透系数加大且对相邻细层土的稳定性有一定影响。规范规定垫层料在级配连续前提下，进一步控制最大粒径、小于 5mm 粒径组含量和小于 0.075mm 的颗粒

103

含量，从根本上保证了大粒径骨架、非管涌渗流型式和易流失细料比例，确保其渗透状态能保持内部稳定。

低压缩性：由刚性面板传向坝体堆石的压应力很大，需要垫层具备较大的抗变形能力，为面板提供可靠的支撑。同时在面板和堆石之间形成变形过渡条件，故其压缩模量必须高于堆石体。为此规定了级配连续和薄层碾压所必须的最大粒径限制以及较高的相对密度或较低的孔隙率指标。施工中的斜坡碾压和挤压边墙技术均与提高压缩模量有关。

高抗剪强度：垫层料的高抗剪强度与坝坡稳定直接相关，薄层碾压即可降低其压缩性也可同步提高抗剪强度。一般情况下，高抗剪强度需要母岩坚硬、级配连续、碾压控制到位，硬岩爆破石渣和砂砾石都可以满足要求。因处于上游坝面，缺少侧限，挤压边墙约束下的压实效果更为可靠。

良好的施工特性：主要指开采难度、颗粒分离控制难易、碾压级配稳定性等。

良好的排水性能：一是施工期，趾板基槽开挖往往会遇到两岸及河床基岩裂隙水渗入垫层背后产生反向渗透压力；大坝洒水碾压情况下也会在垫层背后产生向上游的扬压力，此类水压力消散需要垫层具有中等透水能力，如果垫层自身不能自由消散，还需考虑附加排水措施。二是正常运行期，一旦面板漏水，垫层应能够自由排水至堆石及排水体中，及时降低坝体浸润线。三是面板坝在正常运行期水位骤降时，垫层料如果不能自由排水，则易在面板下产生向上游的水压力顶托力造成迎水面受拉的应力状态，处于高寒地区时还可能产生冻胀破坏面板。

反滤作用：在底部面板前设有辅助防渗体，一般为粉土或掺加粉煤灰的细颗粒材料，用于面板裂缝时填塞缝隙堵漏。垫层料需对其具有反滤作用，以保证细料不会穿过垫层失去堵漏作用。同时，垫层料与过渡料之间也应具备反滤条件，以防 0.075mm 以下细颗粒流失，影响垫层密实度和抗渗能力。过渡料与主堆石区之间、主堆石区与坝内排水体之间也必须具备反滤关系，以保证特殊条件下坝体抗渗安全。

7.1.2 本工程垫层料质量设计控制

肯斯瓦特水利枢纽工程的大坝结构根据当地天然建筑材料特性，确定主堆石区采用 C2 料场全级配砂卵砾石料，其级配为：粒径 ＞150mm 颗粒含量 16.8%，粒径 5～150mm 颗粒含量 62.9%，粒径 5～0.075mm 颗粒含量 18.8%，＜0.075mm 颗粒含量 1.5%，不均匀系数 Cu＝69.9，曲率系数 Cc＝3.51，级配连续，天然密度 2.28～2.35g/cm³，天然含水率 0.8%～1.5%，渗透系数 $7.2×10^{-2}～8.9×10^{-2}$ cm/s。从级配来看，C2 料场坝料最大粒径偏小，只有个别探坑发现 400mm 以上颗粒，与规范要求最大粒径小于压实层厚度、小于 5mm 含量不宜超过 20%、小于 0.075mm 含量不宜超过 5% 相对照，符合要求。经类比，此料与国内已建面板砂砾石坝过渡层料极为相似，经计算与设计垫层料具备层间反滤关系，故不再设专门的过渡区。

C2 料场全料中 80mm 以下含量为 60%，剔除 80mm 以上粒径后发现：小于 5mm 粒径的含量仅为 29.6%，不符合要求，需要掺配 5mm 以下细颗粒。掺配后的垫层料最大粒径 80mm，小于 5mm 含量为 40%～55%，小于 0.075mm 含量小于 5%。碾压后相对紧密度不小于 0.85，碾压层厚采用 40～60cm。掺配后的垫层料和主坝料之间满足 $D_{15}/d_{85}≤4$ 的太沙基层间滤土要求和 $D_{15}/d_{15}≥4$ 的自由排水要求。

特殊小区料是为了在趾板止水结构破坏导致面板坝渗漏时，上游铺盖区的粉土或悬移质细沙能够被滞留在特殊垫层区，以利于防渗安全或处理渗漏，同时应该满足自身的渗透稳定性，借鉴我国高面板堆石坝特殊垫层区的主要特性，确定特殊垫层料 dmax≤40mm，小于 5mm 含量 40%～60%，小于 0.075mm 颗粒含量在 5%～8%。垫层小区碾压层厚采用 15～20cm，相对密度不小于 0.85。经计算特殊垫层料与辅助防渗体粉土之间满足反滤要求。

7.1.3　垫层料施工质量控制

通过掺配 5mm 以下天然料制备的垫层料，在施工现场检测时，其渗透系数达不到 10^{-3} cm/s，为满足规范要求，又在每立方垫层料中掺入 20kg 砂粒。为了获得更好的压实效果，施工中取消了斜坡碾压和砂浆护面，改用挤压边墙施工，在有侧限状况下填筑垫层料，效果很好。

7.2　围堰冬季施工经验

肯斯瓦特水利枢纽工程截流选择在 9 月底，围堰需要在翌年 6 月中旬主汛期来临之前具备挡水条件，围堰的施工工期只有 8 个月，其中冬季占 4 个多月，有必要利用冬季施工围堰。初步设计时上游围堰采用采用土工膜心墙防渗、砂砾石和石渣料填筑的土石围堰。围堰坝轴线处河床砂砾石覆盖层厚 1~2m，无断层通过，基岩透水性小，建堰基础条件较好。坝顶宽 12.0m，最大高度 35m，上下游坝坡为 1：2.0，坝顶长度 140.0m。

由于冬季严寒，土工膜焊接、检测需要人工操作，作业困难效率低，因此改用浇筑式沥青混凝土心墙防渗方式。按照施工安排，围堰使用年限为 5 年，堰顶高程 910m，远低于水库死水位，后期不用拆除。最大堰高 35m，沥青混凝土心墙基座潜入基岩 1m 左右，固结灌浆防渗；为便于施工，心墙上下等厚为 40cm，上下游各设 3m 宽的过渡带，围堰上下游采用砂砾石、开挖石渣及大坝两岸剥离的坡积砾石土填筑，要求 60cm 层厚，16t 振动碾压实；上游采用石渣料压坡脚并用大块石护坡。施工期堰后渗流量很小，度汛运行表现正常。

7.3　联合进水口软岩边坡处理经验

7.3.1　岸坡岩体特性及稳定性评价

（1）右岸边坡岩体特性

肯斯瓦特水利枢纽工程右岸边坡陡峻，阶地顶部高程 1 020m，河底高程 870m，总高差 150m 左右。上部为第四纪砂卵石，底部胶结上部松散，临岸一侧约 20m 近乎直立。下部基岩为白垩系下统呼图壁河组（K_1h）红褐色的泥质粉砂岩，属湖河相碎屑沉积岩，层状结构层面软弱；地层近东西走向，呈北东倾斜的单斜构造，倾角 50°~55°，岩层走向与河流大体正交为横向河谷；岩性软弱，饱和抗压强度随风化程度变化极大，弱风化平均值 25MPa 左右；岩石具有遇水软化、失水崩解特点，软化系数 0.12~0.25；强风化岩体纵波波速 1 600~2 700m/s，弱风化岩体纵波波速 2 300~3 800m/s，岩体较完整；岩体强风化层厚 5.7~11.5m，弱风化层厚 15~20.5m。

（2）右岸边坡勘察结论及处理建议

根据勘察，右岸边坡顶部砂砾石近于直立，为不稳定体，联合进水口岩石开挖之前必须提前清楚。下部近 100m 岩质边坡稳定的主要影响因素有岩层产状及走向、节理裂隙及断层发育情况。通过赤平投影分析不利结构面组合判断，在开挖过程中可能会产生倾倒或者小形楔体塌落。其中走向 330°~350°的一组陡倾（70°左右）的结构面影响最大。地质建议开挖时使用系统锚杆进行喷锚加固，防止小型楔体滑块或局部破碎岩体塌落；临时坡比为 1：0.3，永久坡比为 1：0.5；建议使用光面爆破或预裂爆破，减少岩体损伤。

7.3.2　联合进水口边坡开挖设计控制

联合进水口上部砂砾石开挖结合坝料开采，予以清除，997m 以下至基岩砂砾石边坡 1：1.5，

997m 以上 1∶0.75，1 010m 以上 1∶1。

联合进水塔设计布局是泄洪塔在岸内侧，闸底板高程 920m；发电进水塔在临河侧，闸底板高程为 940m，塔周边的岩质边坡稳定受泄洪塔基坑控制。其中，双塔基坑在 950m 高程以下设计采用两级直挖至建基面，中间设马道，未按照地质建议放坡；950~965m 高程区间为临时边坡，坡比 1∶0.3，按照地质建议值放坡，965m 以上永久边坡采用 1∶0.6，比地质建议值稍缓；塔前引渠段边坡采用 1∶0.6，略缓于地质建议值；中间为扭面渐变段连接。坡面按照地质建议，设置了系统锚杆和锚筋桩，局部设有 600kN 预应力锚索。

从岩性来看，设置 600kN 级预应力锚索符合软岩特性，但数量和方向控制明显不足，对施工进程中的延迟锚固效应估计不足。从开挖放坡坡比控制来看，直挖过深，对岩体不利结构面组合重视不够，设计偏于激进，实际效果不好。

7.3.3　联合进水口边坡开挖施工控制及经验教训

施工过程中，当泄洪塔基坑开挖至 935m 左右时，引渠段被预应力锚索拉住的一块楔形体滑脱，闸井段边坡多处出现卸荷裂缝，被迫停工处理。经反复研讨，最终确定泄洪塔底板从 920m 抬高至 930m；岸顶部砂砾石扩大清除范围，为二次放坡创造条件；闸井基坑靠岸一侧放缓开挖坡比，仅在闸底板深度范围采用直挖施工，965m 以下均按照 1∶0.6 放坡，965m 高程以上按照 1∶1 开挖。闸井后部和发电塔一侧维持不变。此项变更造成施工停顿 2 个月，二次开挖增加了施工难度和费用，教训十分深刻（图 18）。

图 18　联合进水口滑坡

回顾勘察、设计、施工过程，至少有以下几点值得反思：一是对于岩质高边坡，在关注岩性、产状、风化情况影响的同时，更要关注内部的软弱夹层、岩石层面尤其是构造面的影响，分析确定不利结构面与开挖临空面的组合情况，针对性开展稳定分析才有意义；二是不利结构面方向明确后，才能布设切实有效的锚固方案，如果锚索方向不恰当，仅增大吨位是不可靠的；三是要充分尊重地质建议，慎重确定开挖放坡方案，避免二次开挖；四是要充分考虑施工现场开挖与锚固之间工序衔接的时间差问题，边挖边锚固是理想状态，坡面开挖往往速度很快，锚固滞后是常态，因此开挖边坡应保证施工期能自稳，锚固措施主要针对蓄水工况和地震工况，否则难以保证施工期安全；五是垂直开挖深度要严格控制，否则在施工进行到一定程度时发现有问题，往往很难补救。

第8章 工程初期运行情况

8.1 大坝变形与渗流监测情况

8.1.1 大坝监测设备布设及运行情况

大坝坝体设有水管沉降仪6套，钢丝水平位移计6套，渗压计16支，土体位移计6套，土压力计单点6台、三点式1套，两向应变计组20组，库水温度计12支，钢筋计25支，固定测斜仪57支，五向应变计组6组，量水堰仪一台，三向测缝计8组，脱空计9组，单向测缝计12支，自动化绕渗仪8组，强震仪8台，水准标志55台，综合位移标点测墩36个。其中一组五向应变计、一支钢筋计和一组两向应变计在面板止水施工时设备损坏，无法修复之外，其余设备均正常运行。

8.1.2 大坝监测成果

（1）渗流监测情况

2014年12底水库开始蓄水，渗流监测始于2015年1月。到目前为止坝基安装埋设的渗压计的渗透水位基本稳定趋势，坝基渗透水位在刚蓄水时达到最高值880.98m，现在坝基最高渗透水位为877.67m。随着库水位的变化，量水堰的渗流量也随之变化，大坝初期蓄水期的渗流观测数据，呈现一定的规律性，2015年1—8月，水库从空库蓄至死水位955m的过程中，渗流流量从13.2L/S逐渐增加至34.7L/S；2015年6月8—11日，水位在947m时，曾出现混浊现象，流量为22.1L/S，随后恢复清澈状态；至2015年8月底，水位维持在950m时的渗流量为7.1L/S；2018年8月，库水位为955m时测得的渗流量仅为5.5L/S。从2017年以来，水库数次接近正常蓄水位，坝后渗流始终保持清澈，且渗流量一直维持在20L/S之内，大坝防渗体系表现优良。

（2）坝体内部变形监测

从坝体沉降过程线总体来看，截至2018年8月大坝沉降已趋于稳定。最大沉降量为389mm，位于上游侧纵上0+049.73断面，坝轴线最大沉降量为300mm，下游侧最大沉降量为270mm；未超过设计要给于的0.5%的警戒值。从施工期沉降观测数据看，大坝沉降在施工期已大部分完成，且随填筑过程的急缓正相关变化。2011年大坝清基，2012年6月，在900.6m高程布设的沉降观测设备开始监测，0+280断面数据显示，坝轴线沉降量2012年9月为114mm，2013年3月为211mm，2013年9月为287mm，2014年3月为361mm，2014年6月为373m，占最终沉降量的95.8%。至2020年8月，大坝二期面板基本没有裂缝发展，说明砂砾石坝体后期变形很小。

从坝体水平位移过程线看，截至2018年8月大坝水平位移整体处于向下游方向，且位移量很小。900.6m高程的最大位移量为35mm，位于下游侧纵下0+060处；932.6m高程的最大位移为18mm；964.6m高程的最大位移为14mm。运行至今，大坝左岸边位移量为1.1mm，右岸边位移量为 0.3mm。

（3）面板应力应变监测

面板钢筋应力监测表明一期面板大部分钢筋处于压应力状态，压应力多在 1.36~2.5MPa，温度在 7.8~11.1℃。二期面板钢筋拉应力和压应力都有，拉应力在 12.1~58.6MPa，压应力在 8~26.7MPa，温度在 18~22.1℃。钢筋拉应力均在正常范围内，变化幅度不大。

面板混凝土应变监测显示，一期面板混凝土大部分处于压应变状态，压应变在 50~232$\mu\varepsilon$，温度在 7.8~11.9℃。面板底部五向应变计水平向压应变在 41~506$\mu\varepsilon$，顺坡向压应变在 217~347$\mu\varepsilon$，垂直向压应变在 121~535$\mu\varepsilon$，温度在 7.5~7.8℃。二期面板混凝土拉应变 45~144$\mu\varepsilon$，压应变在 38~124$\mu\varepsilon$，温度在 13.9~25.2℃。目前面板应力应变过程平稳。

（4）面板温度及变形监测

监测表明，一期面板温度在蓄水后温度在 7~12℃，二期面板的温度随着季节变化而变化。面板冬季的变形量大于夏季变形量，冬季最大变形量为 0.13mm。

面板的板间缝、一期与二期面板之间的结合处位移随着外界温度的降低而增加，目前开合度在 0.34~1.41mm，变化量很小。

从周边缝变形过程线可看出，面板与趾板之间的开合变形在 0.2~1mm，剪切变形在 -1.1~0.3mm，沉降变形在 -0.5~0.4mm，变化量均远小于设计要求的 10mm 标准。

面板脱空监测结果显示，面板脱空量在 -0.2~1.2mm，远小于设计要求的 15mm 标准。

8.2　大坝抗震情况

枢纽工程于 2011 年正式开工，2012 年开始大坝填筑，2015 年开始蓄水试运行，2016 年蓄水接近正常高水位，至今已安全运行 5 年。在此期间，天山北坡发生过多次 3 级以上地震，有些地震震中距离枢纽区还很近。如 2015 年 12 月 6 日沙湾县 4.8 级地震，距离水库 50km；2016 年 12 月 8 日呼图壁县 6.2 级地震，距离水库 50km；2018 年 12 月 8 日玛纳斯县 4.5 级地震，距离水库 30km。由于 2018 年 12 月的地震震中距离水库很近，水库管理部门启动了应急预案，开展了震后自检，检查表明大坝各个部位、联合进水塔及相关设备、古河槽副坝、溢洪道及发电引水系统均未出现损坏；大坝渗流平稳；库区岸坡未出现垮塌和滑坡，水面平稳，抗震表现良好。

这几次地震的震源深度都小于 20km，间隔时间短，震感强烈，充分显示了北天山地震带构造活动频繁的特点。肯斯瓦特大坝所在区域，为 6.9 级潜在震源区，具备发生强震的条件，作为此区域最高的大坝，按照Ⅸ度烈度设防，相信其具有良好的抗震能力，在今后的运行管理过程中还要继续加强监测。

8.3　工程初期运行效益情况

水库从 2015 年夏季开始蓄水，对玛纳斯流域防洪抗旱意义重大，已经历 6 个汛期，防洪削峰作用充分发挥。2016 年为丰水年，最大入库洪峰流量达到 617m³/s，经过水库削峰后安全下泄，流域防洪安全呈现全新的局面。

在下游平原水库功能淤积退化的情况下，山区水库巨大的调蓄能力对灌区 316 万亩农田灌溉起到重要作用。从 5 年运行资料来看，遇丰水年时水库作用主要体现在春季的苗期用水调节方面，水量虽不大，但供水时段非常关键；在平水年和枯水年，灌溉调节作用则非常显著，调节供水时段有时会延长到 7 月，特别是 2020 年大河来水比多年平均值低 20%，且夏洪来迟，为典型的干旱年份，水库持续调节供水至 7 月下旬，库水位持续降低至死水位以下，水电站停止运行实施应急抗旱调度，以确保农业灌溉，真正遵循了电调服从水调的原则运行，为全流域抗旱保丰收起到了举足轻重的作用。运行参数详见表 8-1。

表 8-1　肯斯瓦特水利枢纽近 5 年运行数据统计表

运行参数	2016 年	2017 年	2018 年	2019 年	2020 年
入库水量（亿 m³）	19.22	16.26	12.92	14.59	11.84
出库水量（亿 m³）	18.78	16.31	12.82	14.68	11.99
调节供水量（万 m³）	3 962	3 761	9176	6 848	7 831
最大蓄水量（亿 m³）	1.75	1.56	1.53	1.46	1.47
最大入库流量（m³/s）	617	457	392	362	319
最大泄洪流量（m³/s）	560	398	182	285	186
年发电量（亿 KW.h）	3	3.1	2.5	3.2	2.5

　　5 年来，工程运行安全可靠，累计调节供水量达 3.16 亿 m³，累计发电量 14.3 亿 kW·h，工程效益显著，全面实现了规划设计目标，十分令人欣慰。水库竣工形象面貌见图 19。

图 19　工程竣工

参考文献

程维明等，2001. 新疆玛纳斯湖景观演化及其生态环境效应［J］. 第四纪研究，第 21 卷第 6 期（11）：560-564.

樊恒辉. 孔令伟，2012. 分散性土研究［M］. 北京：水利水电出版社.

樊自立，1996. 新疆土地开发对生态与环境的影响及对策研究［M］. 北京：气象出版社.

侯全亮，2009. 生态文明与河流伦理［M］. 郑州：黄河水利出版社.

黄雪莉等，2015. 新疆玛纳斯湖水蒸发过程研究［J］. 新疆大学学报，第 19 卷第 4 期（2）：471-474.

李均力等，2015. 1962—2010 年玛纳斯河流域耕地景观的时空变化分析［J］. 农业工程学报，第 31 卷第 4 期（2）：282-283.

刘新华，2019. 塔里木河干流河道水量损失规律分析［J］. 水利规划与设计（2）.

任建民等，2012. 中国西部地区水资源开发利用与管理［M］. 郑州：黄河水利.

王广荣，1992. 新疆玛纳斯县县志［M］. 乌鲁木齐：新疆大学出版社.

王丽春等，2018. 基于 NDVI 的新疆玛纳斯湖湿地植被覆盖度变化研究［J］. 冰川冻土，第 40 卷第 1 期（2）：176-183.

徐向东，周吉军，2012. 肯斯瓦特面板砂砾石坝动力反应分析与评价［J］. 水力发电（1）：30-33.

颜承渠，1997. 新疆生产建设兵团水利志［M］. 乌鲁木齐：新疆人民出版社.

姚永慧，汪小钦等，2007. 新疆玛纳斯湖近 50 年来的变迁［J］. 水科学进展，第 18 卷第 1 期（1）：17-22.

于为等，2011. 新疆玛纳斯河肯斯瓦特水利枢纽防渗土料分散性研究［J］. 土工基础（3）.

张莉，李有利，2004. 近 300 年来新疆玛纳斯湖变迁研究［J］. 中国地理历史论丛，第 19 卷第 4 辑（12）：127-142.

周吉军，2010. 肯斯瓦特水利枢纽工程的作用与效益［J］. 新疆农垦科技（3）.

后　记

　　在国家全面实现了小康社会、正在迈向现代化强国的今天，回顾玛纳斯河流域生态环境和经济社会发展演变过程，总结流域开发建设经验，重温屯垦戍边的军垦战士与流域各族人民艰苦奋斗的建设历程，具有重要的现实意义和深远的历史意义。

　　同时，作为兵团建设事业的排头兵，兵团设计院的技术成长和发展壮大，既得益于党和国家的西部大开发政策，也要感谢各级领导的充分信任，更要感谢那些帮助和支持过我们的科研院所及广大专家学者。在肯斯瓦特水利枢纽工程规划论证过程中，兵团和地方相关部门为工程规划立项审批给予了大力支持；水利部水规总院、中国水科院、南京水科院、西北水科所、天津大学、河海大学、石河子大学、新疆农业大学、自治区水电设计院、自治区水科院、自治区地震局、自治区水文局等单位积极参与技术攻关，承担了地震危险性分析、坝料试验研究、大坝三维有限元应力应变分析、水工模型试验、高耸建筑物抗震分析和大坝原型监测等复杂的技术工作，为工程设计打下了坚实的基础，在此一并表示感谢。

　　通过承担肯斯瓦特枢纽工程规划设计工作，我院十多年来锻炼了一批具备承担山区枢纽工程勘测规划设计的技术人才队伍，工程设计过程中获得国家和省部级奖多项，发表论文数十篇，本工程还荣获中华人民共和国成立70周年优秀工程表彰，荣列538个国庆献礼工程行列。

　　三十年谋划，十年建设，终于完成几代兵团水利工作者的夙愿，向所有为此项工程做出过努力和贡献的人们致敬。

　　此为后记。

作者

2021 年 6 月